职业院校智能制造专业"十四五"系列教材

EPLAN 电气设计

主　编　陈　乾

副主编　魏法云　谢　靖　杨乾熙

参　编　王　伟　张　扬　钟焱鹏

　　　　刘美玲　龙子豪

主　审　王少华

U0379879

机械工业出版社

本书通过对电气设计软件 EPLAN 的使用介绍，详细讲解了智能制造领域中电气工程师和电气绘图人员在相关岗位应具备的专业技能。本书主要内容包括 EPLAN 软件的使用、电气基础知识、电气图纸的绘制、电气元件的选型、自动化设备电气系统设计等。本书根据岗位技能要求和企业现场项目设计任务，并且配备了操作演示视频，学生可以通过扫描二维码观看，跟随视频完成操作，有助于学生理解所学内容，并激发学生的学习热情。

　　本书可作为应用型本科和职业院校自动化、电气自动化、智能控制、机电一体化、工业机器人等专业的教材，也可供从事工业自动化相关工作的工程技术人员学习参考。

图书在版编目（CIP）数据

EPLAN 电气设计 / 陈乾主编 . —北京：机械工业出版社，2024.6（2025.1 重印）
职业院校智能制造专业"十四五"系列教材
ISBN 978-7-111-75633-0

Ⅰ . ① E… Ⅱ . ① 陈… Ⅲ . ① 电气设备 – 计算机辅助设计 – 应用软件 – 职业教育 – 教材 Ⅳ . ① TM02–39

中国国家版本馆 CIP 数据核字（2024）第 076099 号

机械工业出版社（北京市百万庄大街 22 号　邮政编码 100037）
策划编辑：王振国　　　　　　　责任编辑：王振国　关晓飞
责任校对：高凯月　李　杉　　　封面设计：马若濛
责任印制：刘　媛
河北环京美印刷有限公司印刷
2025 年 1 月第 1 版第 2 次印刷
184mm×260mm・11.5 印张・284 千字
标准书号：ISBN 978-7-111-75633-0
定价：39.80 元

电话服务　　　　　　　　　　网络服务
客服电话：010-88361066　　机　工　官　网：www.cmpbook.com
　　　　　　010-88379833　　机　工　官　博：weibo.com/cmp1952
　　　　　　010-68326294　　金　书　网：www.golden-book.com
封底无防伪标均为盗版　　机工教育服务网：www.cmpedu.com

前　言

随着第四次工业革命的到来，2015年5月8日，国务院正式印发了《中国制造2025》，部署全面推进实施制造强国战略。越来越多的企业正在进行产线升级改造，开始打造自动化生产线、智能制造车间、数字化工厂等，这也使得智能制造领域的电气工程技术人员越来越紧缺。

EPLAN是目前智能制造领域电气设计绘图使用率最高的电气设计平台之一。

本书是根据电气设计岗位的技能要求，依照高职高专自动化类专业的人才培养目标，结合企业实际技术需求与特点编写而成的理论实践一体化教材。

本书针对职业教育的特点，力求内容通俗易懂，以岗位中的实际项目开展学习任务。本书共有15个任务，每个任务均配备了相应的视频和任务参考图纸源文件，读者可以通过手机扫描二维码观看实操讲解视频，更易理解书中内容。本书结合课程内容，融入了工匠精神、安全意识、职业素养、技能成才、技能报国等思政育人元素。此外，本书还配有教学资源包，包含PPT课件、课程大纲、教案、试卷等资源，方便教师在教学中使用。

本书由广东汇邦智能装备有限公司和南阳农业职业学院、湖南生物机电职业技术学院以校企双元模式编写完成，陈乾担任主编，魏法云、谢靖、杨乾熙担任副主编，王伟、张扬、钟焱鹏、刘美玲、龙子豪参与编写，湖南生物机电职业技术学院王少华教授担任主审。

因编者水平有限，书中难免有疏漏之处，恳请读者批评指正。

编　者

目 录

任务 1　初识 EPLAN

一、任务目标

1. 知识目标

1）了解 EPLAN 的发展历程。

2）了解 EPLAN 产品简介。

3）了解 EPLAN 与其他绘图软件的异同及自身优势。

2. 技能目标

理解 EPLAN 相对其他绘图软件所具备的优势。

二、任务布置

在网上查找资料，了解 EPLAN 的发展历程；了解 EPLAN 产品简介；了解 EPLAN 与其他绘图软件的异同及自身优势。

三、任务分析

网上的资料非常丰富，大家在搜索时，要注意信息的筛选，提升学习能力、辨析能力，得到准确、客观的材料。

四、任务实施

1. EPLAN 的发展历程

EPLAN 公司于 1984 年在德国成立。EPLAN 最初的产品基于 DOS 平台，然后经历了 Windows 3.1、Windows 95、Windows 98、Windows 2000、Windows Vista、Windows 7、Windows 8 等平台。EPLAN 是以电气设计为基础的跨专业的设计平台，包括电气设计、流体设计、仪表设计、机械设计（如机柜设计）等。

2. EPLAN 产品简介

EPLAN 产品系列丰富，主要分为 EPLAN Electric P8、EPLAN Fluid、EPLAN PPE 和 EPLAN Pro Panel。这四个产品被认为是面向工厂自动化设计的产品，也形象地被称为工厂设计自动化的帮手。另外，EPLAN 产品符合诸多设计标准，如 IEC、JIS、GOST、GB 等标准。

1）EPLAN Electric P8：从 1984 年开始一直处在研发和升级中，既是面向传统的电气设计和自动化集成商的系统设计软件，也是面向电气专业的设计和管理软件。

2）EPLAN Fluid：面向流体的专业设计软件。

3）EPLAN PPE：面向过程控制和仪表控制设计的软件。

4）EPLAN Pro Panel：面向机箱、机柜等柜体的设计软件，即面向电气项目的柜体内部安装布局过程的三维模拟设计。值得说明的是，EPLAN Pro Panel 把威图（Rittal）机柜的产品手册和产品目录集成在软件里，用户可以直接在软件中进行选型，使用便利。

EPLAN Electric P8 具有三种不同的用户版本：EPLAN Electric P8 Trial（试用版本）适合新用户尝试软件操作和各项功能，可以使用 30 天，但打印时图纸有水印；EPLAN Electric P8 Education（教育版本）适合各大中专院校的在校学生使用，可以使用 30 天，但功能不完整；EPLAN Electric P8 是正式的商业版本，它又分为 3 个版本——简易版、标准版、专业版，不同的版本功能不同，价格也不同。

3. EPLAN 的特点及自身

1) EPLAN 是基于数据库的电气设计软件，面向的是电气系统，而不是电气图纸。利用 EPLAN 进行电气设计时，输入的不是图形，而是带有属性的"元件"及"元件"之间的逻辑关系。EPLAN 支持不同的电气标准，如 IEC、JIS、DIN 等，并有标准的符号库。

2) EPLAN 提供了标准模板，各种图表可以自动生成，如设备清单、端子连接图等。每条记录的详细属性都可以反映在图表中，一旦在原理图中做了修改，只需刷新表格即可更新最新数据，无须手动修改，保证了数据的准确性。

3) 主设备与其分散元件自动产生交互参考。例如接触器的线圈和触点，在线圈的下方可以自动显示触点映像，表示触点的位置和数量，避免了相同触点的重复使用；同时在元件选型时可方便地选择和物理存在相一致的接触器，以免漏选接触器触点。

4) 支持快速选型功能。只需一次在 Excel 中列出所需元件清单，完成数据库的关联，就可以在原理图中逐一选型，并通过 EPLAN 的标准模板生成清单，其中包括元件的各类电气参数、外形尺寸、品牌等信息，并且可以根据不同的要求进行自动排序。

5) 完成了元件选型之后，即可进行面板布置，由于元件清单中已经包括了元件的外形尺寸，根据所选的元件，EPLAN 可自动生成 1∶1 的元件外形图，节省了柜箱布置时间。

五、任务总结

EPLAN 是基于数据库的面向部件的电气设计软件。

六、每课寄语

智能制造，引领未来。产业报国，助力中国智造。

七、拓展练习

了解目前使用得比较多的 EPLAN 版本，并搜索相关的技术支持平台、技术论坛及一些技术交流群。

任务 2　EPLAN 软件的安装

一、任务目标

1. 知识目标

1）掌握下载 EPLAN 软件的方法。

2）掌握安装 EPLAN 软件的方法。

2. 技能目标

1）学会下载 EPLAN 软件。

2）学会安装 EPLAN 软件。

二、任务布置

登录 www.eplan.cn 下载 EPLAN 软件，并

在计算机上完成软件的安装与授权。

三、任务分析

软件的安装和授权是学习软件的第一步。网上也有很多关于安装与授权的说明文档供参考。

四、任务实施

步骤 1：解压下载的软件压缩包，如图 2-1 所示，打开"setup.exe"文件。

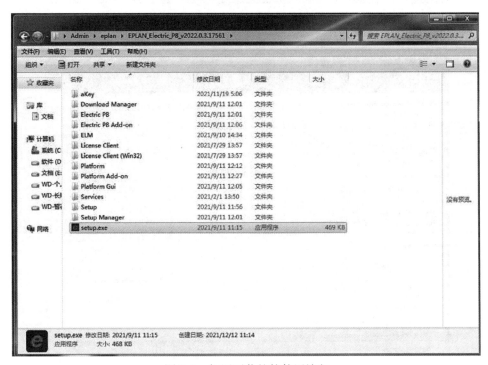

图 2-1　解压下载的软件压缩包

步骤 2：确保计算机安装了 Microsoft .NET Framework 4.7.2 版本或更高版本的应用程序框架，否则无法运行 EPLAN Electric P8 2022，如图 2-2 所示。

步骤 3：安装所需的应用程序框架后再次打开"setup.exe"文件，在窗口中的"产品信息"下可设置"用户界面的颜色配置"，在下拉列表框中选择"亮"，可提高软件稳定性；单击"继续"进行后续安装，如图 2-3 所示。

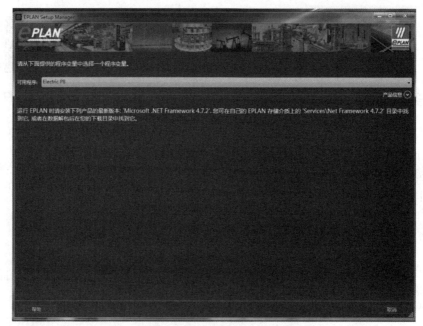

图 2-2　确保计算机中安装了所需软件

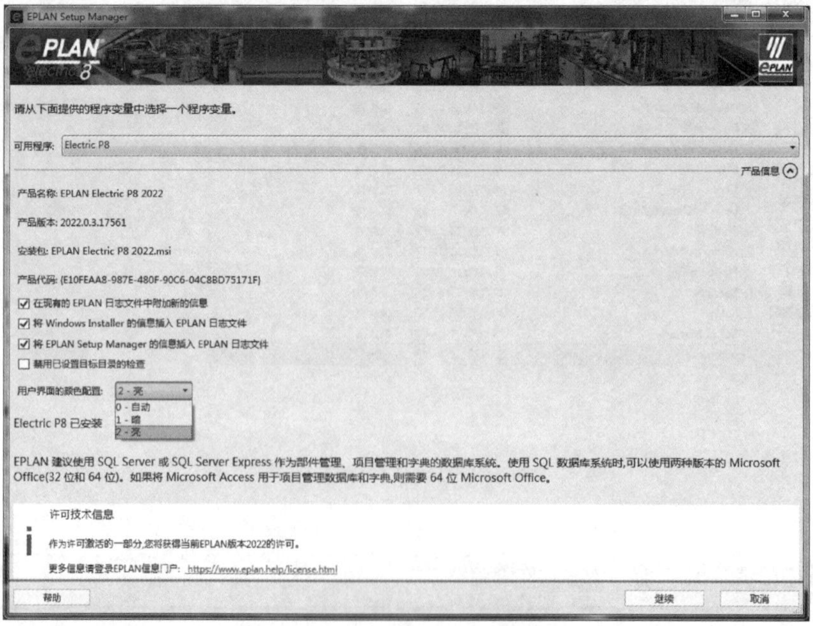

图 2-3　设置"用户界面的颜色配置"

步骤 4：单击"继续"进行后续安装，如图 2-4 所示。

步骤 5：用户可自定义待安装的程序文件、主数据和程序设置的目标目录。此处为默认，单击"继续"，如图 2-5 所示。

图 2-4　单击"继续"进行后续安装

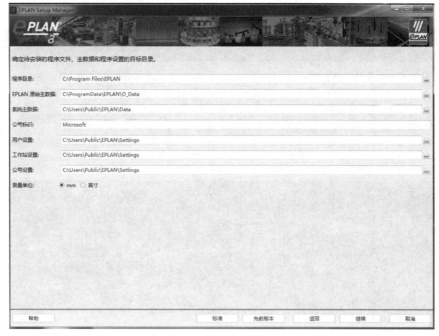

图 2-5　自定义待安装的程序文件、主数据和程序设置的目标目录

步骤 6：选择安装内容和语言，在"界面语言"中选择"简体中文（中国）"，单击"安装"，如图 2-6 所示。

步骤 7：等待软件安装，如图 2-7 所示，软件安装时间和计算机性能有关。

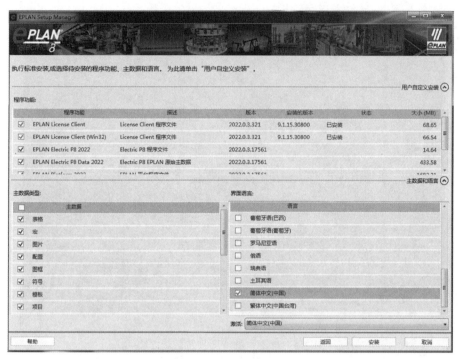

图 2-6　选择安装内容和语言

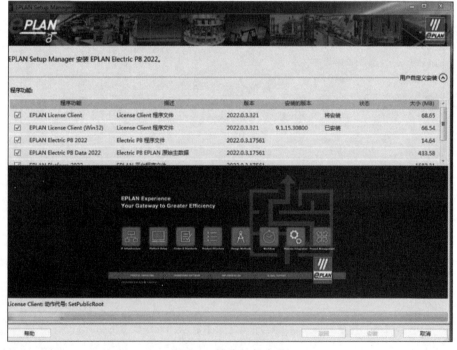

图 2-7　等待软件安装

步骤 8：软件安装完成，单击"完成"结　束安装，如图 2-8 所示。

图 2-8　软件安装完成

五、任务总结

安装时要记住各文件保存位置（见图 2-5），便于查找。

六、每课寄语

初心不忘青春志，匠心共筑中国梦。

七、拓展练习

在自己的计算机上安装 EPLAN 软件。

任务3 项目与页的创建

一、任务目标

1. 知识目标
1) 掌握新建项目的方法。
2) 掌握设置高层代号的方法。
3) 掌握设置位置代号的方法。
4) 掌握新建页与编辑页属性的方法。
5) 了解各工作区及菜单栏。
2. 技能目标
1) 学会新项目的创建。
2) 学会高层代号和位置代号的设置。
3) 学会新页面的创建与属性编辑。
4) 了解各工作区的作用。

二、任务布置

按照表3-1创建新项目"西门子实训台"，然后规划结构标识符管理，设置高层代号和位置代号，选择对应的页类型，并填写对应的页描述。

表 3-1 新项目"西门子实训台"的创建

高层代号	位置代号	页类型	页描述
XMZSXT （西门子实训台）	PLC （PLC控制柜）	多线原理图 （GB_A3_001）	1 主电路1
			2 主电路2
			3 主电路3
			4 主电路4
			5 PLC输入1
			6 PLC输入2
			7 PLC输入3
			8 PLC输入4
			9 PLC输入5
			10 PLC输出1
			11 PLC输出2
			12 PLC输出3

三、任务分析

结构标识符用于定义项目数据的结构，设置好后可以精准定位某一项目→某一部分→某一页→某一个符号，方便快速查找定位。当工作站图纸比较复杂时，绘图前就要做好结构标识符的规划管理。例如一所学校的项目图纸，要快速找到某一个教室，每个教室都要有不同的名称，例如 A502 教室是 A 幢第 5 层第 2 个教室。

　　根据任务要求先创建新项目"西门子实训台"，然后规划结构标识符管理，新建高层代号和位置代号，选择对应的页类型，填写对应的页描述，最后插入符号，对符号属性进行编辑。

四、任务实施

　　步骤 1：项目的新建。

　　打开软件，单击"文件"选项卡，如图 3-1 所示。

图 3-1　单击"文件"选项卡

单击"新建"，如图 3-2 所示。

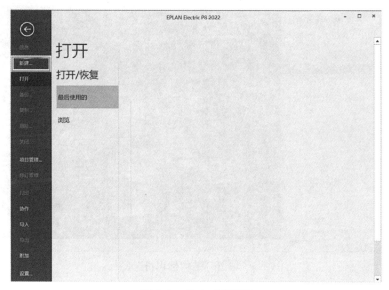

图 3-2　单击"新建"

如图 3-3 所示，在"创建项目"对话框的"项目名称"下输入"西门子实训台"；在"保存位置"下单击文件夹图标，选择合适位置保存项目，例如"C:\ 桌面 \EPLAN"；在"设置创建者"下输入创建者名称（项目创建后无法再修改）。最后单击"确定"。

卡中，各选项保持默认，单击"确定"，如图 3-4 所示。

图 3-4　打开"属性"选项卡

图 3-3　"创建项目"对话框

在"项目属性"对话框的"属性"选项

步骤 2：新建结构标识符。

单击"工具"→"结构标识符"来设置高层代号和位置代号，如图 3-5 所示。

图 3-5　单击"结构标识符"图标

在"结构标识符管理"对话框中单击"高层代号"，再单击"＜空标识符＞"，最后单击"＋"图标添加高层代号，如图 3-6 所示。

注意：每一次添加高层代号之前都要先单击"＜空标识符＞"。

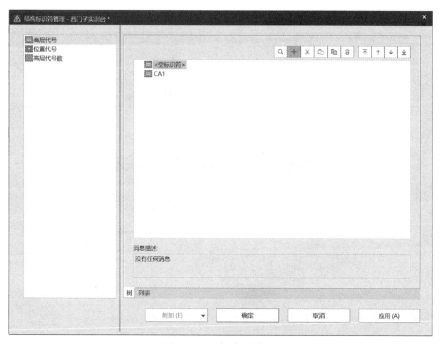

图 3-6　添加高层代号

在"新标识符"对话框中的"名称"右侧输入"XMZSXT"（此处仅可使用字母），在"结构描述"右侧输入"西门子实训台"（输入无限制），单击"确定"，如图 3-7 所示。

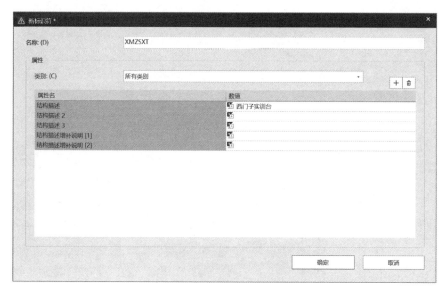

图 3-7　输入名称和结构描述

在"结构标识符管理"对话框中单击"位置代号",弹出"更新项目"对话框,单击"是",如图 3-8 所示。

单击"位置代号",再单击"<空标识符>",最后单击"+"图标添加位置代号,如图 3-9 所示。注意:每一次添加位置代号之前都要先单击"<空标识符>"。

图 3-8　进行项目更新

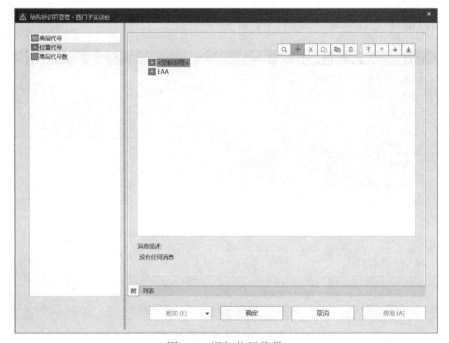

图 3-9　添加位置代号

在"新标识符"对话框中的"名称"右侧输入"PLC"（此处仅可使用字母），在"结构描述"右侧输入"PLC控制柜"（此处可使用中文），最后单击"确定"，如图 3-10 所示。

位置代号创建完成后单击"确定"，弹出"更新项目"对话框，单击"是"，如图 3-11 所示。

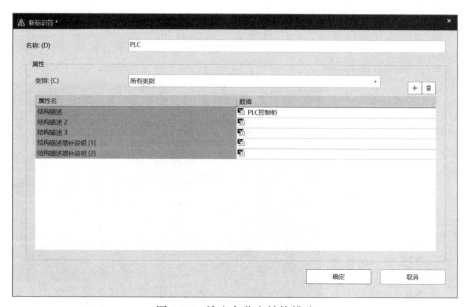

图 3-10　输入名称和结构描述

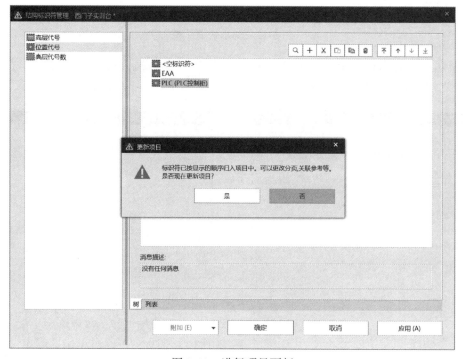

图 3-11　进行项目更新

步骤 3：新建页并设置页属性。

单击"树"中的"西门子实训台"，右击，

在弹出的快捷菜单中选择"新建"，如图 3-12 所示。

图 3-12　弹出快捷菜单

在"新建页"对话框中单击"完整页名"右侧的"..."，如图 3-13 所示。

号"的数值框，再单击"CA1"右侧出现的"..."，如图 3-14 所示。

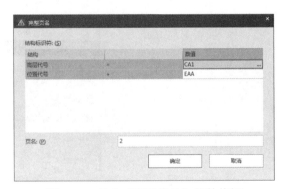

图 3-14　单击"高层代号"的数值框

图 3-13　编辑完整页名

在"完整页名"对话框中单击"高层代

在"高层代号"对话框中单击"XMZSXT（西门子实训台）"，再单击"确定"，如图 3-15 所示。

在"完整页名"对话框中单击"位置代

号"的数值框，再单击"EAA"右侧出现的"…"，如图 3-16 所示。

图 3-15　单击"XMZSXT（西门子实训台）"

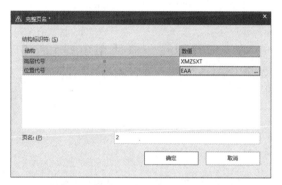

图 3-16　单击"位置代号"的数值框

在"位置代号"对话框中单击"PLC（PLC 控制柜）"，再单击"确定"，如图 3-17 所示。

图 3-17　单击"PLC（PLC 控制柜）"

在"完整页名"对话框中的"页名"右侧输入"1"，再单击"确定"，如图 3-18 所示。

在"新建页"对话框中的"页类型"下拉列表中选择"多线原理图（交互式）"，如图 3-19 所示。

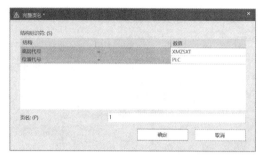

图 3-18　在"页名"右侧输入"1"

图 3-19　选择"多线原理图（交互式）"

在"页描述"右侧输入"主电路 1"，如图 3-20 所示。

图 3-20　输入"主电路 1"

在"属性"选项组的"类别"下拉列表中选择"所有类别",如图 3-21 所示。

图 3-21 选择"所有类别"

在"属性"选项组的"图框名称"下拉列表中选择"浏览",如图 3-22 所示。

图 3-22 选择"浏览"

在"选择图框"对话框中找到"GB_A3_001.fn1"文件并选中,单击"打开",如图 3-23 所示。

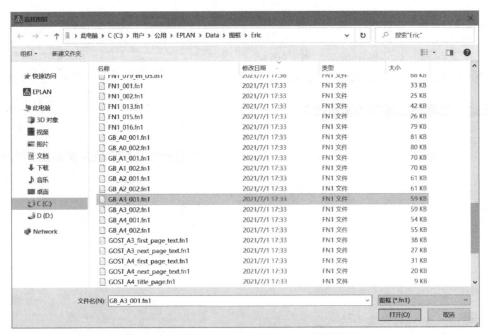

图 3-23 找到"GB_A3_001.fn1"文件并打开

在"新建页"对话框中单击"确定"，页新建完成，如图 3-24、图 3-25 所示。

选中"PLC（PLC 控制柜）"，右击，在弹出的快捷菜单中选择"新建"，继续创建"主电路 2""主电路 3""主电路 4""PLC 输入 1""PLC 输入 2""PLC 输入 3""PLC 输入 4""PLC 输入 5""PLC 输出 1""PLC 输出 2""PLC 输出 3"等页，如图 3-26、图 3-27 所示。

图 3-24　单击"确定"

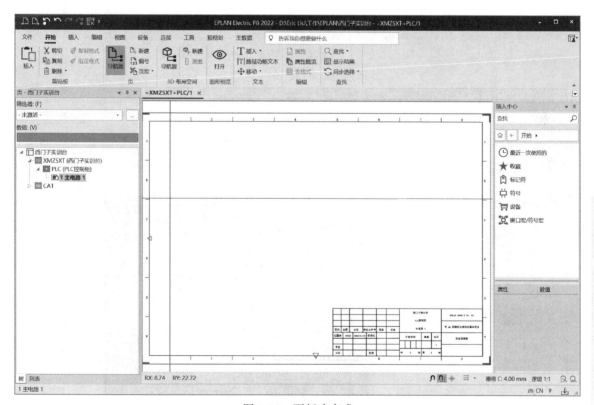

图 3-25　页新建完成

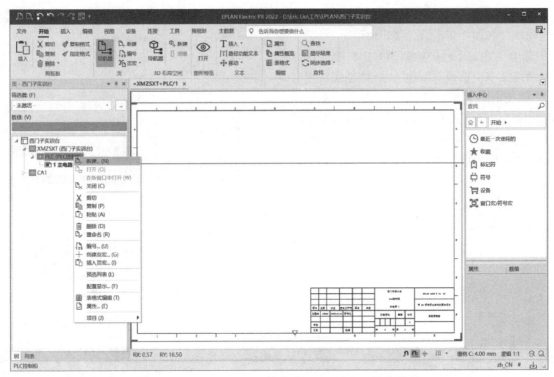

图 3-26 选中"PLC（PLC 控制柜）"并调出快捷菜单

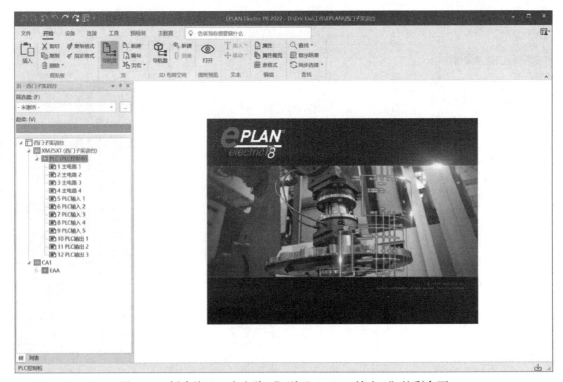

图 3-27 创建从"2 主电路 2"到"12 PLC 输出 3"的剩余页

五、任务总结

1）结构标识符的高层代号和位置代号名称需要用字母表示（不能用汉字），在结构描述中可以使用中文。

2）新建高层代号和位置代号时，需要先单击"＜空标识符＞"，再开始创建。

3）项目属性和页属性要在绘图前编辑好，"设置创建者"一栏在项目创建后不可更改。

六、每课寄语

图纸是工程师的语言，必须依据国家标准规范绘图。

七、拓展练习

按照表 3-2 创建新项目"机器人焊接工作站"，先规划结构标识符管理，再新建高层代号和位置代号，并创建对应的页描述。

表 3-2　新项目"机器人焊接工作站"的创建

高层代号	位置代号	页类型	页描述
HJGZZ（机器人焊接工作站）	PLC（PLC 控制柜）	标题页 / 封页	1 标题页
		安装板布局	2 2D 安装板布局图
		多线原理图	3 主电路
			4 PLC 输入 1
			5 PLC 输出 2
	JQR（机器人控制柜）	多线原理图	6 主电路 1
			7 机器人输入 1
			8 机器人输出

任务4 电气原理图的绘制

一、任务目标

1. 知识目标

1）掌握添加中断点的方法。

2）掌握各电气元件的添加方法。

3）掌握连接符号的使用方法。

2. 技能目标

1）学会添加中断点和电气元件。

2）学会绘制主电路和控制电路。

3）学会使用连接符号。

二、任务布置

根据图4-1所示电路绘制电路图。

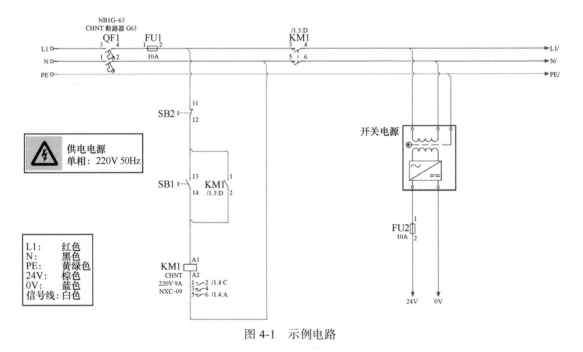

图4-1 示例电路

三、任务分析

开始绘图前需先了解各电气元件的符号。

表4-1列出了一些EPLAN中常见电气元件的符号和实物图片。根据图4-1所示，先绘制出主电路。

表 4-1　EPLAN 中常见电气元件的符号和实物图片

名称	文字符号	图形符号	实物图片
断路器	QF		
交流接触器	KM		
熔断器	FU		
热继电器	FR		
三相交流异步电动机	M		
指示灯	HL		
按钮	SB		
电磁阀	YV		
中间继电器	KA		

四、任务实施

步骤 1：绘图前的准备。

在 EPLAN 软件窗口打开在任务 3 中创建的项目，依次双击"西门子实训台""XMZSXT（西门子实训台）""PLC（PLC 控制柜）""1 主电路 1"，打开第一页，准备开始绘制，如图 4-2 所示。

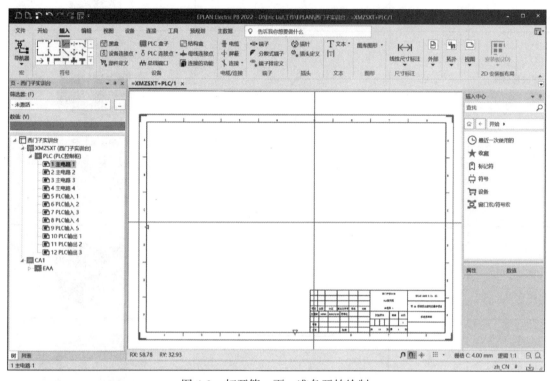

图 4-2　打开第一页，准备开始绘制

单击窗口右下方的栅格图标 ⊞，单击旁边的"▼"，在下拉列表中选择"栅格 C：4.00mm"，再单击标志开 / 关捕捉到栅格图标 ⋒，如图 4-3 和图 4-4 所示。

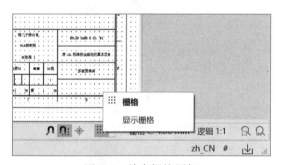

图 4-3　单击栅格图标

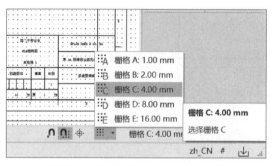

图 4-4　选择"栅格 C：4.00mm"

光标在绘图区域时，按住鼠标滚轮可以移动页面，滑动滚轮可以缩小或放大页面，如图 4-5 和图 4-6 所示。

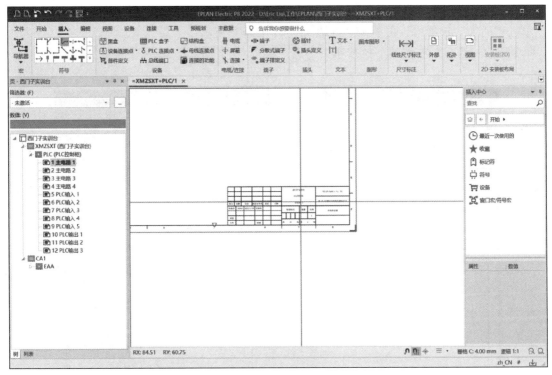

图 4-5　移动页面

图 4-6　放大页面

步骤 2：绘制主电源。

单击"插入"选项卡，再单击"电缆/连接"命令组中"连接"右侧的下拉按钮（小倒三角），在下拉列表中选择"电位连接点"，如图 4-7 所示。

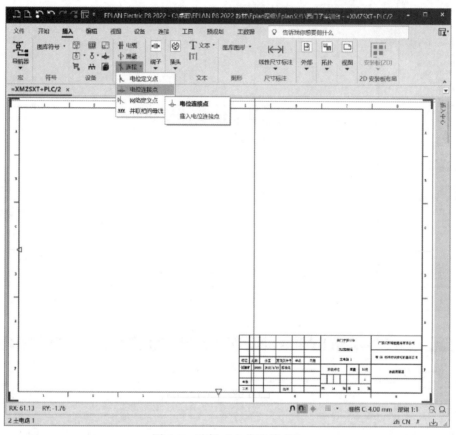

图 4-7　选择"电位连接点"

按 <Tab> 键将其旋转到所需的方向（此处方向向右），在图框左上角进行绘制，如图 4-8 所示。

在"属性（元件）"对话框中修改电位连接点的属性，将"电位定义"选项卡中的"电位名称"修改为"L1"，单击"确定"，如图 4-9 所示。

主电源"L1"的绘制完成，如图 4-10所示。

参考绘制"L1"的过程绘制"N"和"PE"，如图 4-11 所示。

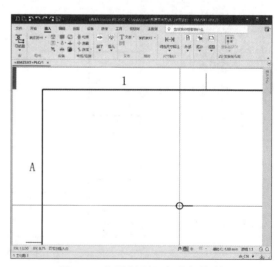

图 4-8　在图框左上角进行绘制

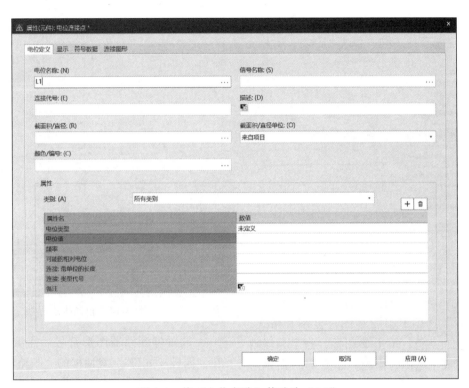

图 4-9　将"电位名称"修改为"L1"

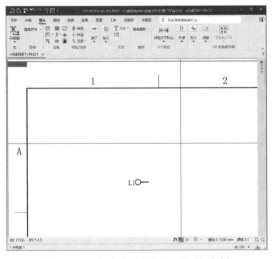

图 4-10　完成主电源"L1"的绘制

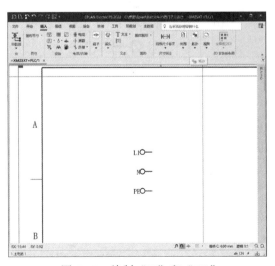

图 4-11　绘制"N"和"PE"

单击任一字符，然后按 <Ctrl+B> 组合键，或右击其中一个字符，选择"文本"→"移动属性文本"，即可拖动属性文本到所需位置，如图 4-12 所示。

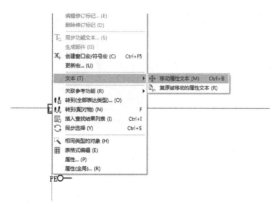

图 4-12　选择"移动属性文本"

更改完一个字符的位置后单击该字符，再单击"编辑"选项卡中的 图标复制其格式，再选中其他的字符，单击 图标，指定为复制的格式，完成主电源的绘制，如图 4-13 所示。

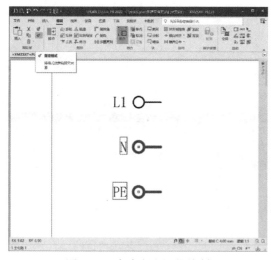

图 4-13　完成主电源的绘制

步骤 3：绘制电气元件。

在绘图窗口右侧的"插入中心"下方查找框中输入"FA2_2"并按回车键，或单击"符号"→"GB_symbol"→"电气工程"→"安全设备"→"断路器"→"两极断路器"找到断路器"FA2_2"，双击选择该图形符号，按

<Tab> 键将其旋转到所需的方向，然后放置到"L1""N"两个端子连接点右方，会自动生成导线，如图 4-14 所示。

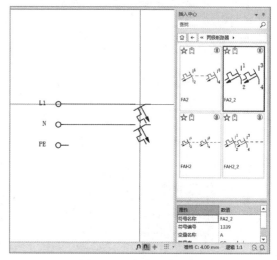

图 4-14　自动生成导线

放置好断路器图形符号后需编辑其属性，在"属性（元件）"对话框的"断路器"选项卡中，"显示设备标识符"设为"QF1"，"技术参数"设为"230V 16A"，"铭牌文本"设为"NB1G-63"，"功能文本"设为"CHNT 断路器 C63"，如图 4-15 所示。

单击"显示"选项卡，单击有蓝色点的"装配地点（描述性）"，再单击其右上角的"取消固定"图标，最后单击"确定"，如图 4-16 所示。

完成上述操作后即可在绘图窗口单独移动每一条属性标注的位置（参考前述操作），如图 4-17 所示。

参考前述操作在"QF1"右方添加熔断器"FU1"，在"属性（元件）"对话框中编辑其属性，"显示设备标识符"设为"FU1"，"技术参数"设为"10A"，单击"确定"，如图 4-18 所示。

单击"插入"→"符号"→"连接器"→"中断点"符号，将其依次插入到"L1""N""PE"右侧的延长线上，如图 4-19 所示。

图 4-15 编辑断路器属性

图 4-16 "取消固定"图标

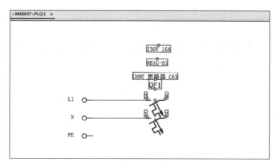

图 4-17　移动属性标注的位置

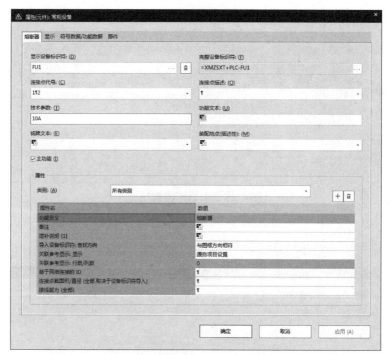

图 4-18　添加熔断器"FU1"并编辑属性

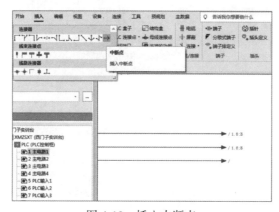

图 4-19　插入中断点

设置各中断点属性，"显示设备标识符"分别设为"L1""N""PE"，并勾选"星型源"，如图 4-20 所示。

从"插入中心"中找到常闭按钮"SOD"，命名为"SB2"；找到常开按钮"SSD"，命名为"SB1"；找到常开触点"S"，命名为"KM1"；找到线圈"K"，命名为"KM1"，功能文本设为"CHNT"，技术参数设为"220V 9A"，铭牌文本设为"NXC-09"，并按自锁电路摆放，如图 4-21 所示。

图 4-20　中断点"L1"的属性设置

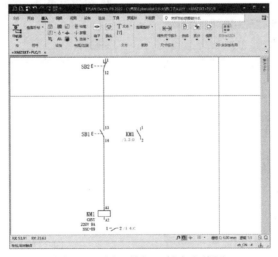

图 4-21　插入按钮、触点和线圈

找到"插入"→"符号"→"连接器"，使用"右上角""右下角""左上角""左下角"其中一个来进行单条线路的绘制，四个符号在放置前可以按 <Tab> 键相互进行转换。将其调整好后放置到元件连入电路的位置，如图 4-22 所示。

双击绘制的连接符号编辑其属性。黄色箭头表示电源进入方向，蓝色箭头表示电源经过此角后的方向，若勾选"作为点绘制"后该节点显示为点，不显示电源流向。"L1""N"处选择"1.目标右,2.目标下（A）"，"KM1"（常开触点 S）处选择"1.目标下,2.目标右（T）"。设置完成后的 T 节点如图 4-24 所示。

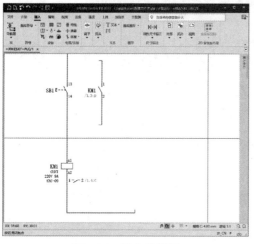

图 4-22　插入角符号

找到"插入"→"符号"→"连接器"，在其中找到"T节点，向右""T节点，向左""T节点，向下""T节点，向上"四种不同的节点，因为其不能相互转换，所以应选择合适的连接符号完善自锁电路，并将其连接到"L1"和"N"上，如图 4-23 所示。

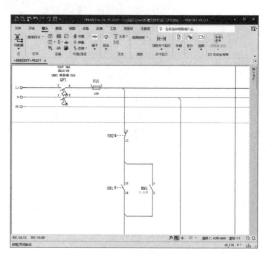

图 4-24　设置完成后的 T 节点

在"L1""N"延长线上的 T 节点后方插入常开触点 SL2 符号，命名为"KM1"（即将"显示设备标识符"设为"KM1"，连接点线号设为 5、6、3、4），如图 4-25 所示。

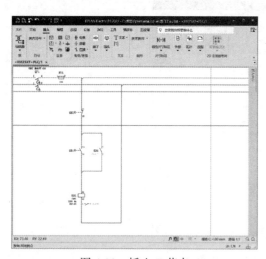

图 4-23　插入 T 节点

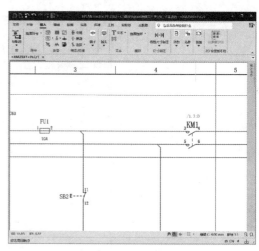

图 4-25　插入常开触点 KM1

在"KM1"（常开触点 SL2）后方绘制开

关电源。对于没有对应符号的元件，可以根据其原理组合符号来绘制。在"插入中心"找到变压器"T11"和整流器"G22"，将两者连接到一起，删除其"显示设备标识符"和"连接点代号"，如图 4-26 所示。

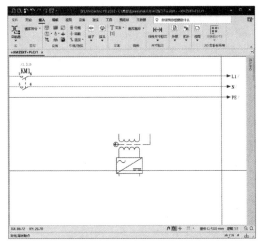

图 4-26　将变压器和整流器连接到一起

在"插入中心"找到端子"X2_NB"，绘制到各连接点上，删除其"显示设备标识符"和"名称"（可临时更改栅格大小，便于符号插入，绘制完再改回），如图 4-27 所示。

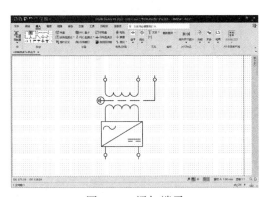

图 4-27　添加端子

选择"插入"→"图形"→"图库图形"→"长方形"，在开关电源外绘制一个长方形，如图 4-28 所示。

双击长方形，在属性对话框中"格式"下修改其颜色为蓝色（"号码：5　颜色：0，0，255"），单击"确定"，如图 4-29 所示。

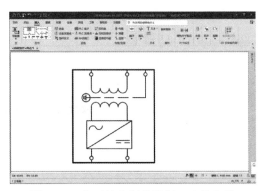

图 4-28　在开关电源外绘制一个长方形

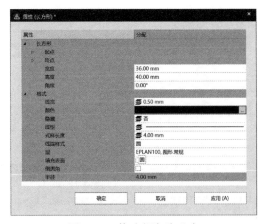

图 4-29　修改颜色为蓝色

单击"插入"→"文本"，在"属性（文本）"对话框的文本编辑区中，输入"开关电源"（按 <Ctrl+Enter> 组合键可切换至下一行），如图 4-30 所示。

图 4-30　输入"开关电源"

单击"确定",在开关电源外部左上方插入文字,如图 4-31 所示。

使用连接符号将开关电源连接到电路中,并在开关电源下方添加中断点绘制"24V"和"0V",并在"24V"电路上添加熔断器"F1",命名为"FU2","技术参数"设为"10A",如图 4-32 所示。

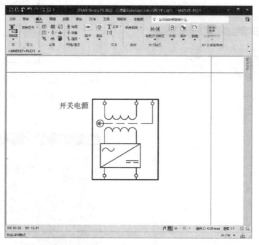

图 4-31 在开关电源外部左上方插入文字

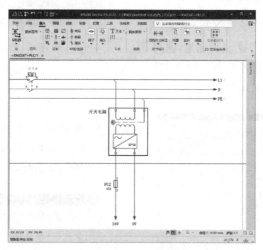

图 4-32 将开关电源连接到电路中

步骤 4:绘制注释。

在供电电源下方绘制一个长方形,并在其中添加文本"供电电源""单相:220V 50Hz",如图 4-33 所示。

单击"插入"→"外部"→"图片文件",如图 4-34 所示。

找到要插入的图片文件,单击"确定",如图 4-35 所示。

在弹出的"复制图片文件"对话框中选择"复制",单击"确定",如图 4-36 所示。

在一个点单击确定图片插入位置,移动光标缩放图片,再次单击确定放置,弹出"属性(图片文件)"对话框,保持默认,单击"确定",完成图片插入,并适当调整图片大小、布局,如图 4-37 所示。

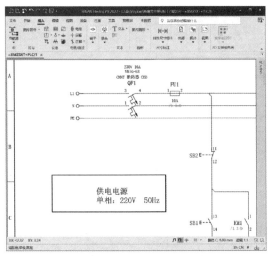

图 4-33　在长方形内添加文本

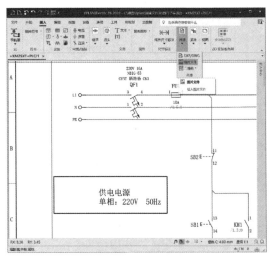

图 4-34　插入图片

图 4-35　查找图片文件

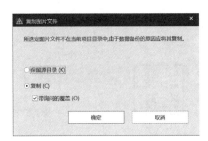

图 4-36　选择"复制"

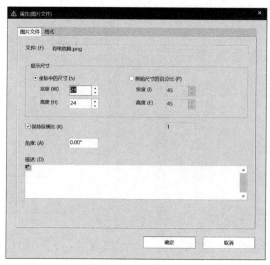

a)"属性(图片文件)"对话框

b) 图片插入完成

图 4-37　确定图片位置并完成插入

在图纸左下区域绘制一个长方形，添加文本"L1：红色""N：黑色""PE：黄绿色""24V：棕色""0V：蓝色""信号线：白色"，如图 4-38 所示。

步骤 5：添加跳线。

在线路交叉处应使用跳线。单击"右下角"符号，按 <Backspace> 键，在"符号选择"对话框的"树"选项卡中，单击"LBRL"，选择"变量 A"，单击"确定"，如图 4-39 所示。

在两条线路交汇处单击放置跳线，如图 4-40 所示。放置完毕后将"右下角"符号的属性更改回"CO"和"变量 A"。

至此，电路图绘制完成，如图 4-41 所示。

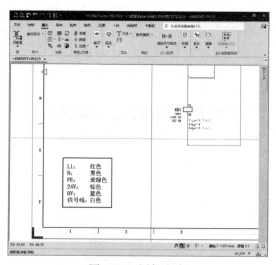

图 4-38　添加文本

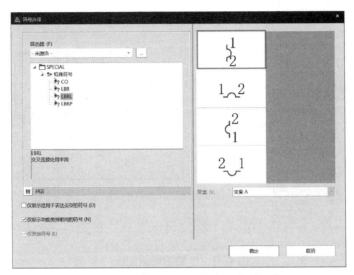

图 4-39　选择"LBRL"和"变量 A"

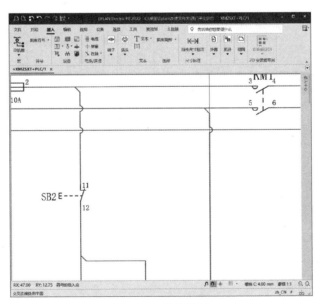

图 4-40　放置跳线

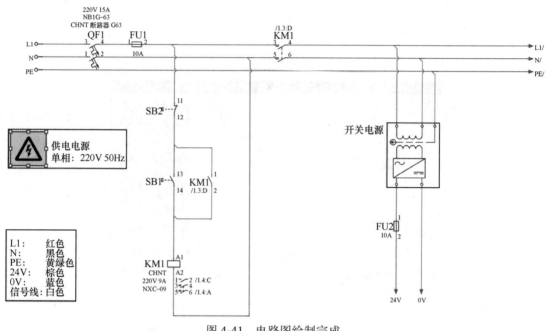

图 4-41　电路图绘制完成

五、任务总结

1）插入符号的同时将其属性编辑完成。

2）绘图开始前选择好栅格，并在临时更改使用完后改回。

六、每课寄语

安全重于泰山，图纸设计需将安全放到第一位。

七、拓展练习

绘制一个电动机正反转控制的电路图（包括主电路和控制电路）。

任务 5　黑盒的绘制

一、任务目标

1. 知识目标

1）掌握添加黑盒并编辑其属性的方法。

2）掌握成对关联参考的阅读方法。

2. 技能目标

1）学会绘制黑盒。

2）学会阅读成对关联参考。

二、任务布置

1）绘制图 5-1 所示变频器到"3　主电路 3"页。

2）阅读并理解"任务 4"所绘交流接触器的关联参考。

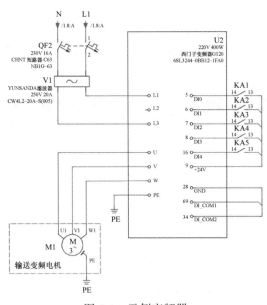

图 5-1　示例变频器

三、任务分析

黑盒可以用于绘制变频器、伺服驱动器等符号库中没有的符号，也可以表示一些非标电气元件。

添加黑盒并编辑其属性，插入设备连接点来添加黑盒端子，通过节点、中断点将黑盒接入电路。

四、任务实施

1. 绘制变频器

步骤 1：绘制黑盒。

打开"3 主电路 3"页,选择"插入"→"设备"→"黑盒",在绘图区域空白处单击确定黑盒的位置,移动光标缩放,再次单击确认放置,如图 5-2 所示。

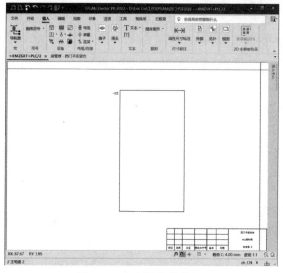

图 5-2　确定黑盒的位置

在弹出的"属性(元件)"对话框中进行设置,"黑盒"选项卡的"显示设备标识符"设为"U2","技术参数"设为"220V 400W","功能文本"设为"西门子变频器 G120","铭牌文本"设为"6SL3244-0BB12-1FA0",单击"确定",如图 5-3 所示。

黑盒的属性文本在长方形旁显示,如图 5-4 所示。

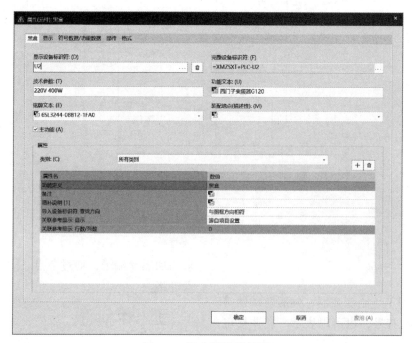

图 5-3　黑盒属性的设置

图 5-4   黑盒属性文本的显示

调整黑盒属性文本的位置，如图 5-5 所示。

图 5-5   调整属性文本位置

在"插入中心"找到端子"X1_NB"，在变频器内左上方绘制端子，"描述"设为"L1"；在变频器内右上方绘制端子，"名称"设为"5"，"设备标识符"设为"DI0"，并调整属性文本位置，如图 5-6 所示。

图 5-6   先绘制两个端子

在端子"L1"下方绘制端子"L2""L3""U""V""W""PE"，并使用"L1"的格式；在端子"5，DI0"下方绘制端子"6，DI1""7，DI2""8，DI3""16，DI4""9，+24V""28，GND""69，DI_COM1""34，DI_COM2"，并使用"5，DI0"的格式，如图 5-7 所示。

图 5-7   再绘制其余端子

步骤 2：绘制变频器电路。

在变频器右方绘制中间继电器常开触点"S"，分别修改"显示设备标识符"为"KA1""KA2""KA3""KA4""KA5"，用连接符号将其连接到变频器上（右侧端子也一并连接好），如图 5-8 所示。

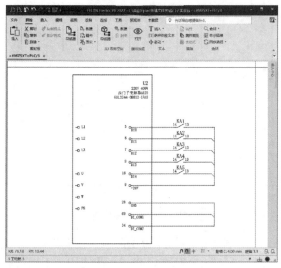

图 5-8　绘制中间继电器触点并连接到变频器上

使用中断点在变频器外左上方添加"L1"和"N"，如图 5-9 所示。

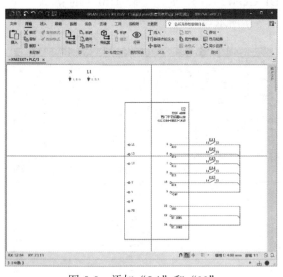

图 5-9　添加"L1"和"N"

绘制供电部分电路：在"L1"和"N"下方绘制断路器"FA2"，命名为"QF2"，属性文本可参考"任务 4"中的"QF1"；在断路器下方绘制滤波器"AFILTER"并编辑其属性，"显示设备标识符"设为"V1"，"技术参数"设为"250V 20A"，"功能文本"设

为"YUNSANDA 滤波器"，"铭牌文本"设为"CW4L2-20A-S（005）"；添加连接符号将断路器和滤波器连接到变频器上（注意：L2 无须连接），如图 5-10 所示。

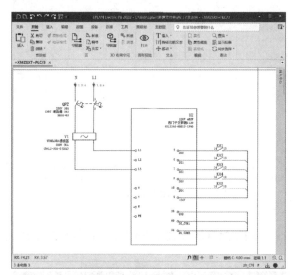

图 5-10　绘制断路器和滤波器并连接到变频器上

绘制电机部分电路：在"插入中心"找到电机"M3"，在变频器外左下方绘制电机，命名为"M1"，使用连接符号将电机连接到变频器上，如图 5-11 所示。

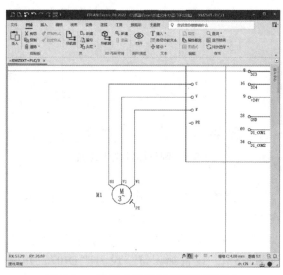

图 5-11　绘制电机并连接到变频器上

电机安装地点为电气控制柜外，可通过绘制结构盒来表示。选择"插入"→"设备"→"结

构盒",在电机外绘制(参考长方形的绘制);在结构盒内插入文本"输送变频电机";绘制接地符号"ERDE"并连接到"PE"上,如图 5-12 所示。

变频器绘制完成,如图 5-13 所示。

2. 阅读并理解交流接触器的关联参考

绘制了多个设备标识符相同的符号后,会在其下方生成关联参考。关联参考以符号插入点所在位置为基准点进行定位,默认格式为"页 . 列:行"。如图 5-14 所示(在"1 主电路1"中),KM1 触点符号下方显示"1.3:D",表示所关联符号在第 1 页的第 3 列第 D 行。

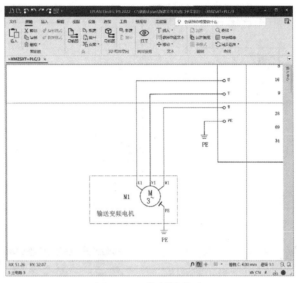

图 5-12   绘制结构盒

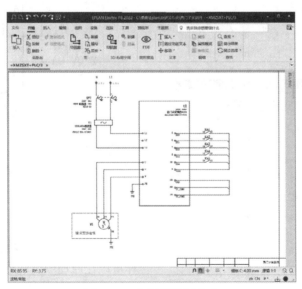

图 5-13   变频器绘制完成

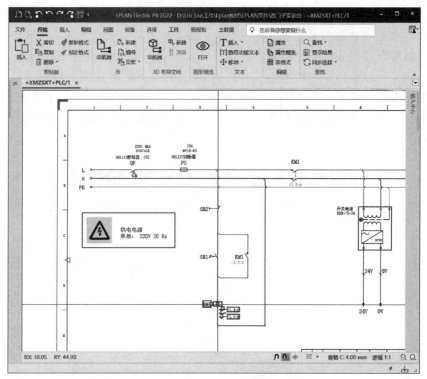

图 5-14　关联参考示例

关联参考和图框的选择有关系，不同图框下关联参考的显示也不同。例如，当更换图框为"FN1_001"后，关联参考仅显示"/1.3"，表示所关联符号在第 1 页的第 3 列，区别在于不显示行数，如图 5-15 所示。

"1.4：A"和"1.4：C"是交流接触器 KM1 的触点映像，如图 5-16 所示。

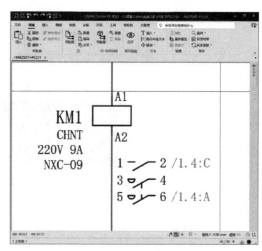

图 5-16　交流接触器 KM1 的触点映像

五、任务总结

绘制黑盒时要按照实物的布局来绘制，这样可以让原理图更清晰明了，读图更轻松。

关联参考是看图纸时非常重要的参考信息，正确标示的关联参考能提升看图效率。

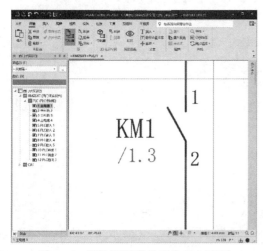

图 5-15　更换图框后关联参考也不同

六、每课寄语

企业 9S 管理：整理、整顿、清扫、清洁、节约、安全、服务、满意、素养。

七、拓展练习

完成"2　主电路 2"和"4　主电路 4"的绘制。

要求：绘制伺服驱动器（见图 5-17）到"4　主电路 4"上，绘制触摸屏（见图 5-18）到"2　主电路 2"上。

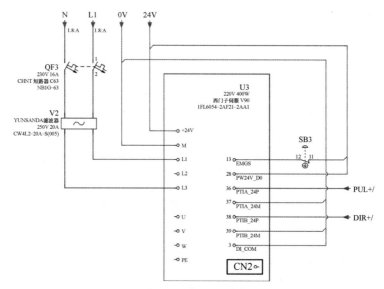

图 5-17　伺服驱动器

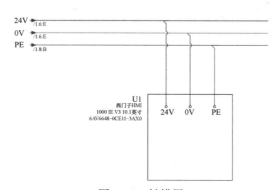

图 5-18　触摸屏

任务 6 PLC 盒子的绘制

一、任务目标

1. 知识目标

1）了解如何更改项目的 PLC 属性。

2）掌握 PLC 盒子的绘制方法。

3）掌握 PLC 输入 / 输出点的绘制方法。

4）掌握 PLC 卡电源和连接点电源的绘制方法。

2. 技能目标

1）学会设置 PLC 盒子属性。

2）学会绘制 PLC 盒子。

二、任务布置

将图 6-1 所示的 PLC 供电部分绘制到"2 主电路 2"页，根据表 6-1 将 PLC 的输入 / 输出按组绘制到各页，如图 6-2 和图 6-3 所示。

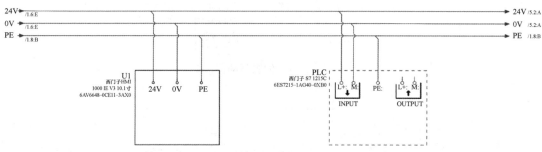

图 6-1 PLC 供电部分

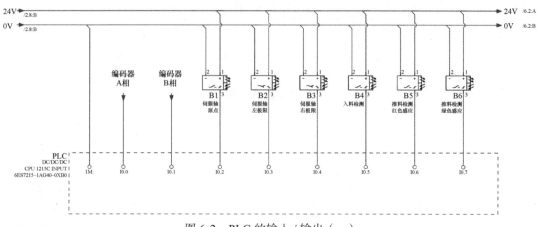

图 6-2 PLC 的输入 / 输出（一）

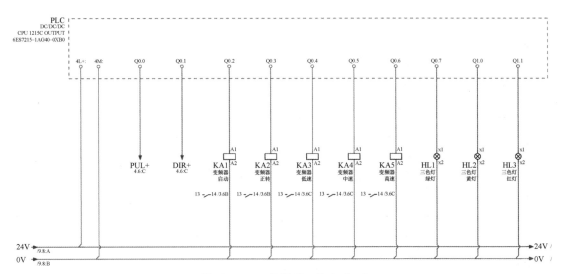

图 6-3　PLC 的输入 / 输出（二）

表 6-1　PLC 的输入 / 输出表

CPU 1215C INPUT 6ES7215-1AG40-0XB0		CPU 1215C OUTPUT 6ES7215-1AG40-0XB0	
I0.0	编码器 A 相	Q0.0	PUL+
I0.1	编码器 B 相	Q0.1	DIR+
I0.2	伺服轴原点	Q0.2	变频器启动
I0.3	伺服轴左极限	Q0.3	变频器正转
I0.4	伺服轴右极限	Q0.4	变频器低速
I0.5	入料检测	Q0.5	变频器中速
I0.6	推料检测红色	Q0.6	变频器高速
I0.7	推料检测绿色	Q0.7	三色灯绿灯
I1.0	推料检测蓝色	Q1.0	三色灯黄灯
I1.1	红色物料推料气缸	Q1.1	三色灯红灯
I1.2	绿色物料推料气缸	扩展模块 4 SM1222 DQ 8 × 24VDC 6ES7222-1BF30-0XB0	
I1.3	蓝色物料推料气缸	Q2.0	末端推料气缸 1
I1.4	取料定位原点感应	Q2.1	末端推料气缸 2
I1.5	取料推料原点感应	Q2.2	末端推料气缸 3
扩展模块 1 SM1221 DI 8 × 24VDC 6ES7221-1BF32-0XB0		Q2.3	取料定位气缸出
I2.0	取料补料光电开关	Q2.4	取料推料气缸出
I2.1	取料下料光电开关	Q2.5	装配定料气缸出
I2.2	移载夹爪举升原点感应	Q2.6	装配放料气缸出
I2.3	取料有料检测	Q2.7	装配旋转气缸出
I2.4	装配定料原点感应	扩展模块 5 SM1222 DQ 8 × 24VDC 6ES7222-1BF32-0XB0	
I2.5	装配放料原点感应	Q3.0	装配夹爪前后气缸出
I2.6	装配补料感应	Q3.1	装配夹爪上下气缸出

（续）

扩展模块 1 SM1221 DI 8×24VDC 6ES7221-1BF32-0XB0		扩展模块 5 SM1222 DQ 8×24VDC 6ES7222-1BF32-0XB0	
I2.7	装配有料感应	Q3.2	装配夹爪气缸出
扩展模块 2 SM1221 DI 8×24VDC 6ES7221-1BF32-0XB0		Q3.3	移载夹爪气缸出
I3.0	装配转盘有料检测	Q3.4	移载夹爪伸长气缸出
I3.1	装配转盘旋转 1	Q3.5	移载夹爪旋转气缸出
I3.2	装配转盘旋转 2	Q3.6	移载夹爪举升气缸出
I3.3	装配夹爪前后原点感应		
I3.4	装配夹爪上下原点感应		
I3.5	装配夹爪夹放原点感应		
I3.6	装配治具有料检测		
I3.7	移载夹爪原点感应		
扩展模块 3 SM1221 DI 8×24VDC 6ES7221-1BF32-0XB0			
I4.0	移载夹爪伸长原点感应		
I4.1	移载夹爪旋转原点感应		
I4.2	移载夹爪旋转定点感应		

三、任务分析

在项目数据中可以提前进行 PLC 的设置，如西门子 PLC 的输入 / 输出为 I/Q，三菱 PLC 的输入 / 输出为 X/Y。PLC 的连接点分为 PLC 卡电源、PLC 连接点电源、数字输入、数字输出、模拟输入、模拟输出，根据表 6-1 选择对应的 PLC 连接点。PLC 盒子的外围电路根据表 6-1 添加相应符号，并连接到 PLC 电路中。

四、任务实施

步骤 1：修改项目属性。

开始绘图前，可先设置 PLC 的型号，以便于绘图。单击"文件"→"设置"，在弹出的对话框中选择"项目"→"西门子实训台"→"设备"→"PLC"，在"PLC 相关设置"下拉列表中选择"SIMATIC S7（I/Q）"，单击"确定"，如图 6-4 所示。

步骤 2：绘制 PLC 盒子的电源部分。

选择"插入"→"设备"→"PLC 盒子"，在"2 主电路 2"页中触摸屏的右方绘制（参考图 6-1 所示），其绘制方法与黑盒相同；编辑

其属性，"显示设备标识符"设为"PLC"，"技术参数"设为"6ES7215-1AG40-0XB0"，"功能文本"设为"西门子 S7 1215C"，单击"确定"保存，调整其属性文本，如图 6-5 所示。

选择"插入"→"设备"→"PLC 连接点"→"PLC 卡电源"，在 PLC 盒子区域内添加"L+""M""PE""L+""M"，使用"插入"→"图形"→"图库图形"中的"直线"绘制分隔线和箭头（注意：在绘制箭头时可以适当改变栅格规格，绘制完成后即时改回即可），并插入文本"INPUT"和"OUTPUT"来区分 PLC 电源的输入 / 输出，如图 6-6 所示。

使用连接符号将 PLC 接入电路，PLC 电源部分完成绘制，如图 6-7 所示。

步骤 3：绘制 PLC 盒子的输入部分。

双击打开"5 PLC 输入 1"页，使用"PLC 盒子"绘制 PLC，属性参考表 6-1。选择"PLC 连接点"中的"PLC 连接点电源"，在 PLC 盒子区域内插入，命名为"1M"；使用"PLC 连接点"中的"PLC 连接点（数字输入）"，在"1M"右方绘制 I0.0 ~ I0.7，如图 6-8 所示。

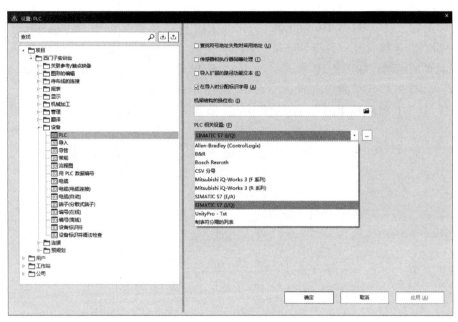

图 6-4　设置 PLC 的型号

图 6-5　绘制 PLC 盒子

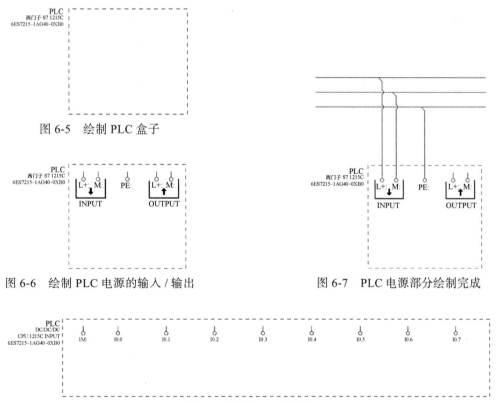

图 6-6　绘制 PLC 电源的输入 / 输出　　　　　图 6-7　PLC 电源部分绘制完成

图 6-8　绘制 PLC 连接点

根据表 6-1 插入合适的符号并设置其属性，然后调整其属性文本至合适的位置，如图 6-9 所示（注意：图中 B1～B6 为光栅）。

使用中断点和连接符号将各符号连接到电源中，完成此页的绘制，如图 6-10 所示。

步骤 4：绘制 PLC 盒子的输出部分。

双击打开"10 PLC 输出 1"页，使用

"PLC 盒子"在图纸上部绘制 PLC，并根据表 6-1 编辑其属性。使用"PLC 连接点"中的"PLC 连接点电源"绘制"4L+"和"4M"，使用"PLC 连接点"中的"PLC 连接点（数字输出）"在"4M"右方绘制 Q0.0～Q0.7，如图 6-11 所示。

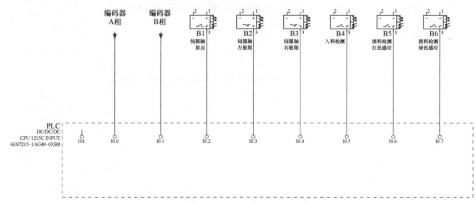

图 6-9　插入合适的符号并设置属性

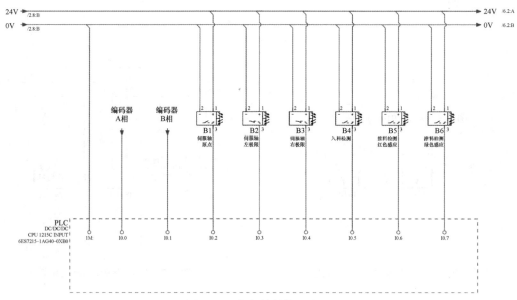

图 6-10　将各符号接入电源

图 6-11　绘制 PLC 连接点

根据表 6-1 插入对应符号，如图 6-12 所示。

使用中断点和连接符号将各符号接入电源，完成此页绘制，如图 6-13 所示。

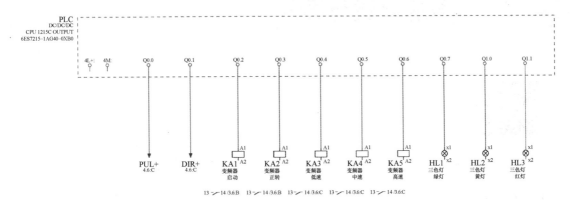

图 6-12　插入对应符号

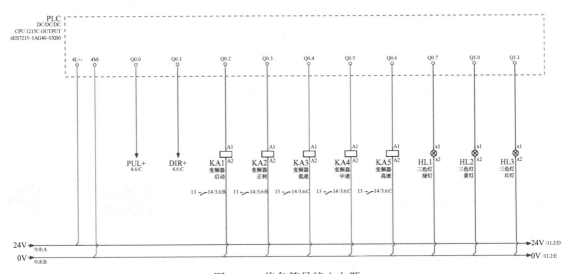

图 6-13　将各符号接入电源

五、任务总结

1）预先设置好 PLC 的属性，在绘图时更方便。

2）注意 PLC 各模块之间的关联参考和 PLC 主功能的设置。

3）绘图布局要清晰明了，调整好其间隔和每页的内容，可按其类型、位置、作用等属性分配绘图位置。

六、每课寄语

实用技术学到手，天南地北任我走。

七、拓展练习

根据表 6-1 绘制出该电气原理图的剩余部分。

要求：将每组输入和输出分别绘制到单独的页。

任务7　符号的新建与导入

一、任务目标

1. 知识目标

1）掌握新建符号库的方法。

2）掌握创建新符号的方法。

3）掌握导入/导出符号库和符号的方法。

2. 技能目标

1）学会新建符号的方法。

2）学会导入并使用符号的方法。

3）学会管理符号库的方法。

二、任务布置

绘制图7-1所示的新符号并创建8个变量，最后在图纸中调用新创建的符号。

图7-1　新符号及其8个变量

三、任务分析

使用EPLAN软件绘图的基础就是添加各种电气符号，而有的特殊元件并没有对应符号，此时可根据元件的原理来创建新符号，并将其存入符号库相应的位置中。

四、任务实施

1. 符号库的新建与使用

步骤1：新建符号库。

选择"主数据"→"符号"→"符号库"→"新建"，如图7-2所示。

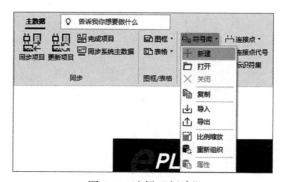

图7-2　选择"新建"

选择符号库保存位置，默认为安装软件时选择的位置，此处为"C:\用户\公用\EPLAN\Data\符号\Eric"，修改符号库文件名为"HUIBANG"，单击"保存"，如图7-3所示。

在弹出的"符号库属性"对话框中单击"确定"，完成符号库新建，如图7-4所示。

步骤2：使用符号库。

单击软件窗口右上角的"工作区域"图标，选择"显示菜单栏"，如图7-5所示。

双击打开一页图纸，在下方菜单栏选择"插入"→"符号"，如图7-6所示。

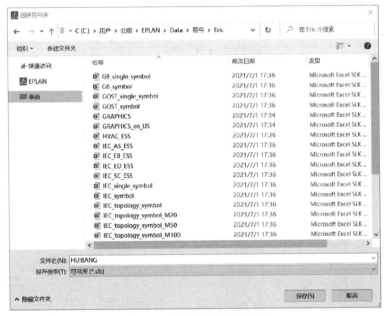

图 7-3　选择符号库保存位置

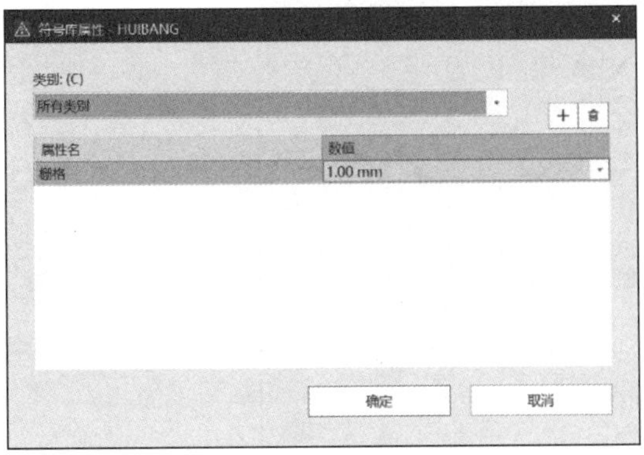

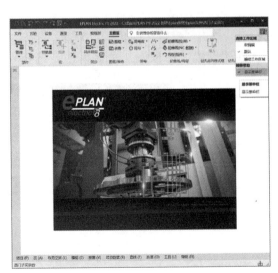

图 7-4　"符号库属性"对话框

图 7-5　选择"显示菜单栏"

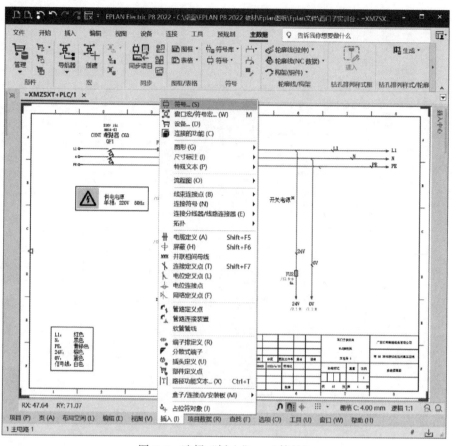

图 7-6 选择"插入"→"符号"

在"符号选择"对话框的符号库列表空白处右击,单击"设置",如图 7-7 所示。

在"设置:符号库"对话框中,选择一个空白行,单击对应"符号库"一列右方的"...",如图 7-8 所示。

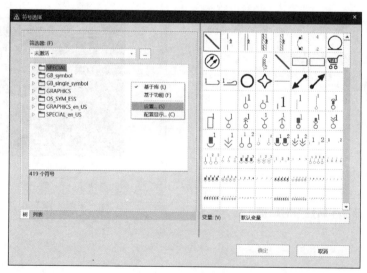

图 7-7 单击"设置"

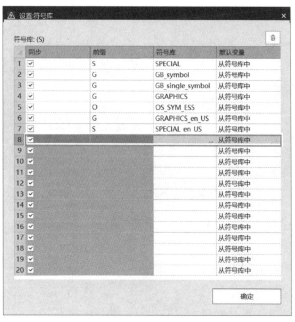

图 7-8 单击 "..."

在"选择符号库"对话框中找到新建的"HUIBANG"符号库，单击"打开"，如图 7-9 所示。

返回"设置：符号库"对话框，修改其前缀为"HUI"，单击"确定"，如图 7-10 所示。

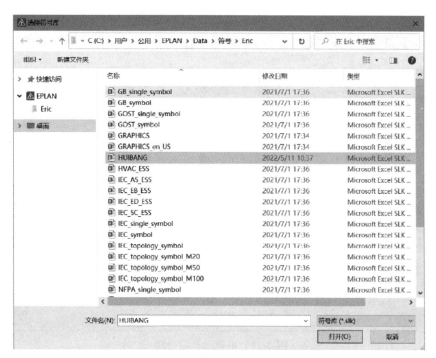

图 7-9 打开符号库"HUIBANG"

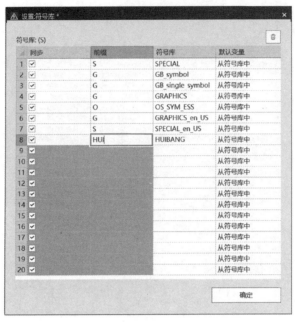

图 7-10　修改其前缀为"HUI"

　　新符号库为空，不显示，关闭"符号选择"对话框，如图 7-11 所示。

2. 符号的新建与使用

　　步骤 1：新建符号。

　　选择"主数据"→"符号"→"符号"→"新建"，如图 7-12 所示。

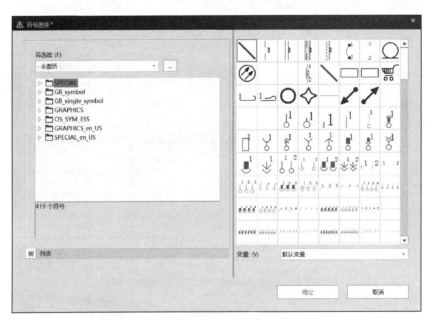

图 7-11　不显示新符号库

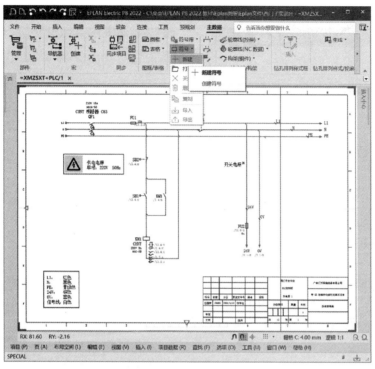

图 7-12　选择"新建"

在"打开符号库"对话框中选择新建的"HUIBANG"符号库，单击"打开"，如图 7-13 所示。

在"生成变量"对话框的"目标变量"列表框中选择"变量 A"，单击"确定"，如图 7-14 所示。

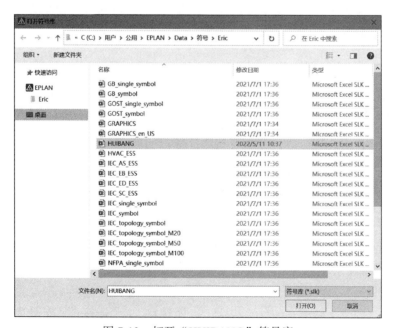

图 7-13　打开"HUIBANG"符号库

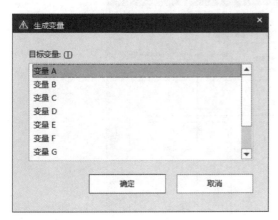

图 7-14　选择"变量 A"

在"符号属性"对话框中设定符号属性，"符号编号"设为"1"，"符号名"设为"切换开关"，"连接点"设为"4"，单击"确定"，如图 7-15 所示。

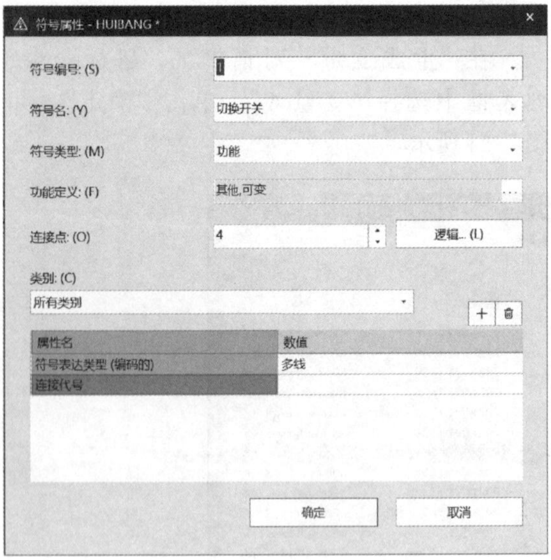

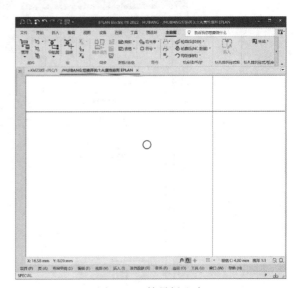

图 7-16　符号插入点

绘制新符号时，可以调用其他符号库里的符号进行修改，选择底部菜单栏的"插入"→"符号"，如图 7-17 所示。

图 7-15　设定符号属性

自动打开了符号新建页，其中的圆形为符号插入点，如图 7-16 所示。

图 7-17　选择"插入"→"符号"

在"符号选择"对话框的"GB_symbol"→"电气工程"→"线圈，触点和保护电路"→"常闭触点，2 个连接点"符号库中找到带虚线的常闭触点"OMW"，单击"确定"，如图 7-18 所示。

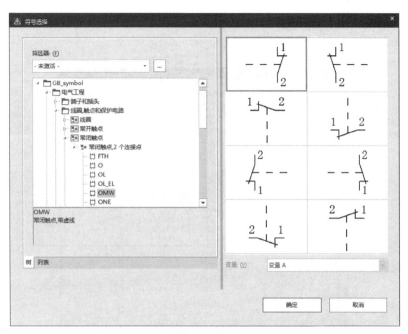

图 7-18　选择带虚线的常闭触点"OMW"

在圆圈上单击放置符号，会显示其属性文本，如图 7-19 所示。

图 7-19　放置符号

图 7-20　删除属性文本

选中符号左侧的属性文本，右击，选择"删除"，如图 7-20 所示。

保留符号的图形部分以及两个连接点，如图 7-21 所示。连接点可通过上方的"插入"→"逻辑"→"符号连接点"进行添加。

打开"电气工程"→"传感器，开关和按钮"→"开关 / 按钮"→"开关 / 按钮，常开触点，2 个连接点"→"SSD"，单击"确定"，如图 7-22 所示。

在常闭触点左侧距离为 8mm 的位置放置按钮符号，如图 7-23 所示。

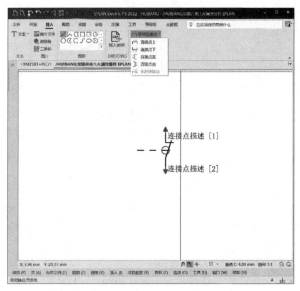

图 7-21 保留图形部分及两个连接点

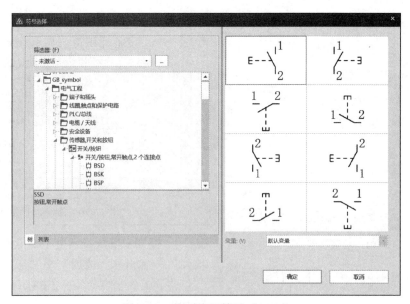

图 7-22 找到按钮符号"SSD"

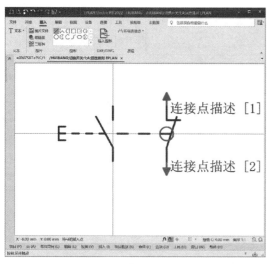

图 7-23 放置按钮符号

保留按钮符号自带的属性文本作为新符号的属性文本，符号切换开关的变量 A 新建完成，如图 7-24 所示。

图 7-24 符号切换开关的变量 A 新建完成

选择"编辑"→"符号"→"新变量"，如图 7-25 所示。

在"生成变量"对话框的"目标变量"列表框中选择"变量 B"，单击"确定"，如图 7-26 所示。

在"生成变量"对话框中设置变量 B 的属性，选择"变量 A"作为变量 B 的源变量，在右侧列表框中选择"90°"作为变量 B 的样

式，单击"确定"，如图 7-27 所示。

图 7-25 选择"新变量"

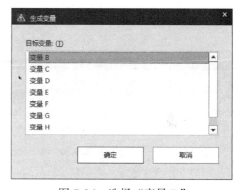

图 7-26 选择"变量 B"

图 7-27 设置变量 B 的属性

完成变量 B 的新建，如图 7-28 所示。

图 7-28 完成变量 B 的新建

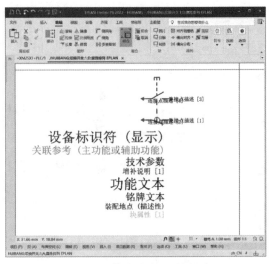

图 7-30 完成变量 D 的新建

使用同样的方法新建源变量为变量 A、旋转 180° 产生的变量 C 和源变量为变量 A、旋转 270° 产生的变量 D，如图 7-29 和图 7-30 所示。

图 7-29 完成变量 C 的新建

新建变量 E，如图 7-31 所示。

选择"变量 A"作为变量 E 的源变量，在右侧列表框中选择"0°"作为变量 E 的样式，选择下方的"绕 Y 轴镜像图形"，单击"确定"，如图 7-32 所示。

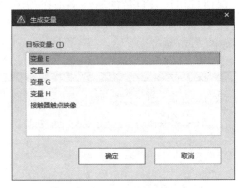

图 7-31 新建变量 E

图 7-32 设置变量 E 的属性

完成变量 E 的新建，如图 7-33 所示。

图 7-33　完成变量 E 的新建

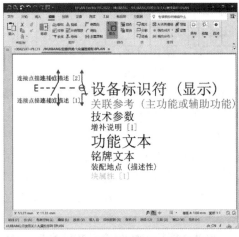

图 7-35　完成变量 G 的新建

使用同样的方法新建源变量为变量 A、旋转 90° 产生的变量 F，源变量为变量 A、旋转 180° 产生的变量 G，源变量为变量 A、旋转 270° 产生的变量 H，如图 7-34 ～ 图 7-36 所示。

图 7-36　完成变量 H 的新建

图 7-34　完成变量 F 的新建

选择 "主数据" → "符号" → "符号" → "关闭"，完成符号切换开关的新建，如图 7-37 所示。

图 7-37　选择 "关闭"

弹出"主数据同步"对话框，单击"是"立即刷新项目，如图 7-38 所示。

步骤 2：使用符号。

打开右侧"插入中心"，单击"符号"，可以看到新建的符号库"HUIBANG"已经显示在其中，如图 7-39 所示。

单击符号库"HUIBANG"，可以看到新建的符号切换开关，双击选择，按 <Tab> 键更改其方向，在页中单击放置符号，如图 7-40 所示。此符号的调用仅做参考，非图纸内容，

展示后应删除。

3. 符号库的导出与导入

步骤 1：导出符号库。

将符号库导出成扩展名为"esl"的文件后可以进行传输分享。

选择"主数据"→"符号"→"符号库"→"导出"，如图 7-41 所示。

在"导出符号库"对话框中选择要导出的符号库，此处以"HUIBANG"为例。单击选中符号库，再单击"打开"，如图 7-42 所示。

图 7-38 "主数据同步"对话框

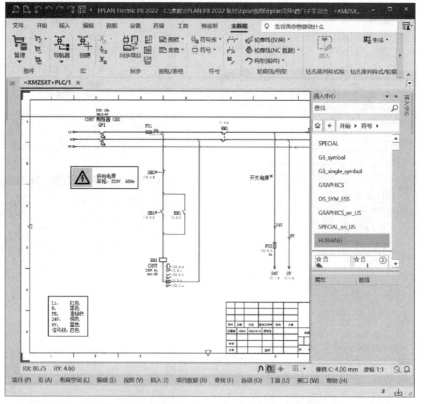

图 7-39 符号库"HUIBANG"已可显示

图 7-40　单击放置符号

图 7-41　选择"导出"

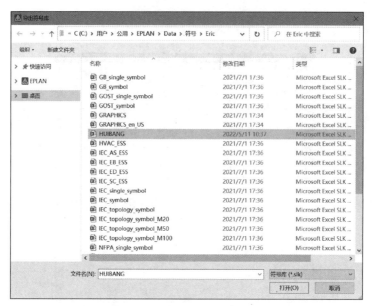

图 7-42　选择要导出的符号库

在"创建导出文件"对话框中选择保　　"保存",如图 7-43 所示。
存位置,此处为"C:\桌面\符号库",单击

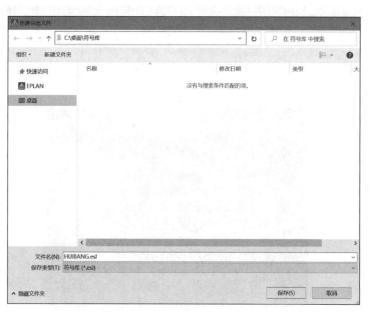

图 7-43　选择保存位置

打开保存位置的文件夹即可对导出的符号
库文件进行操作,如图 7-44 所示。

图 7-44　在保存位置可找到导出的文件

步骤 2：导入符号库。

选择"主数据"→"符号"→"符号库"→"导入"，如图 7-45 所示。

在"导入符号库"对话框中找到要导入的符号库文件，此处以"国际标准库 .esl"为例，选中后单击"打开"，如图 7-46 所示。

图 7-45　选择"导入"

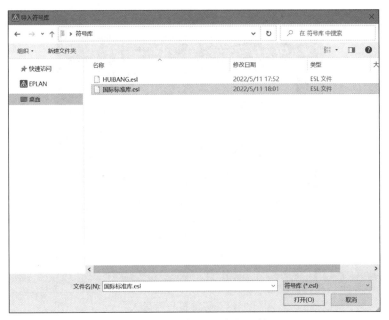

图 7-46　选中要导入的文件

在"创建符号库"对话框中编辑符号库导入后的名称，这里设置为"国际标准库"，单击"保存"，如图 7-47 所示。

等待符号库导入，如图 7-48 所示。

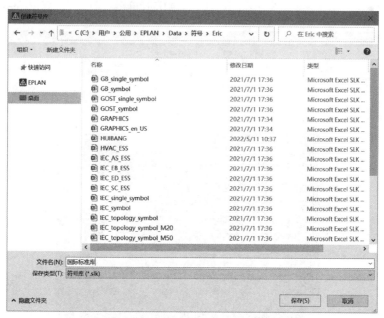

图 7-47　编辑符号库导入后的名称

图 7-48　等待符号库导入

在"符号选择"对话框中即可显示导入的符号库（参考"1.符号库的新建与使用"中的"步骤 2：使用符号库"），也可在"插入中心"直接调用，如图 7-49 所示。

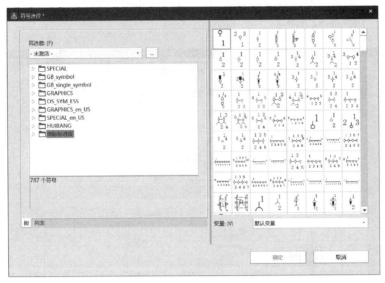

图 7-49   导入的符号库

4. 符号的导出与导入

步骤 1：导出符号。

下面以切换开关的符号为例进行介绍。选择"主数据"→"符号"→"符号库"→"打开"，在"打开符号库"对话框中选择"HUIBANG"符号库，单击"打开"，如图 7-50 所示。

图 7-50   打开符号库

选择"主数据"→"符号"→"符号"→"导出",如图 7-51 所示。

在"符号选择"对话框中选择切换开关符号,单击"确定",如图 7-52 所示。

在"创建导出文件"对话框中选择导出位置,此处为"C:\ 桌面 \ 符号库",单击"保存",如图 7-53 所示。

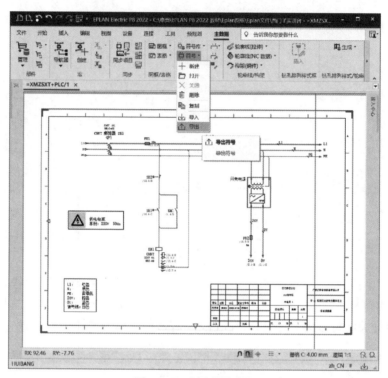

图 7-51 选择"导出"

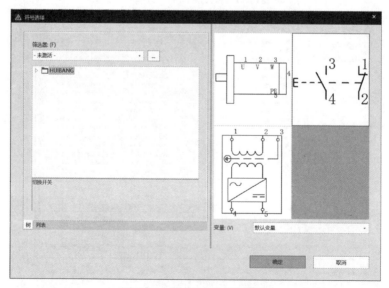

图 7-52 选择切换开关符号

图 7-53　选择导出位置

符号导出为扩展名为"esy"的文件，如图 7-54 所示。

步骤 2：导入符号。

选择"主数据"→"符号"→"符号库"→"打开"，打开要导入符号所在的符号库，此处以打开"HUIBANG"符号库为例，单击"确定"，如图 7-55 所示。

选择"主数据"→"符号"→"符号"→"导入"，如图 7-56 所示。

在"导入符号"对话框中找到要导入的符号并选中，此处以"单极断路器"为例，单击"打开"，如图 7-57 所示。

在"符号属性"对话框中修改导入符号的属性，单击"确定"，如图 7-58 所示。

自动打开符号编辑页，如图 7-59 所示，手动关闭该页。

选择"主数据"→"同步"→"同步项目"，如图 7-60 所示。

图 7-54　符号导出为文件

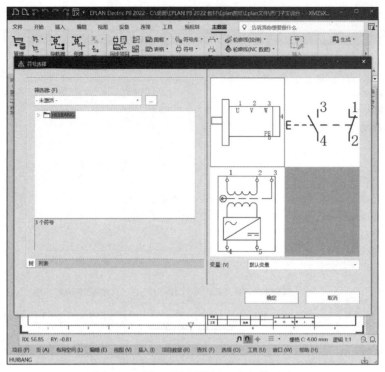

图 7-55　选择要导入符号所在的符号库

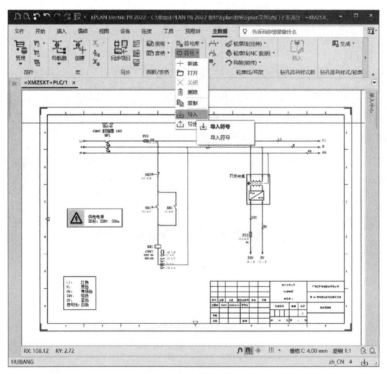

图 7-56　选择"导入"

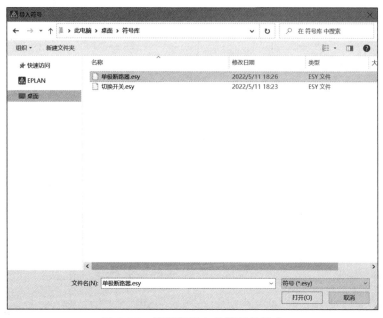

图 7-57 找到要导入的符号并选中

图 7-58 修改导入符号的属性

图 7-59 自动打开符号编辑页

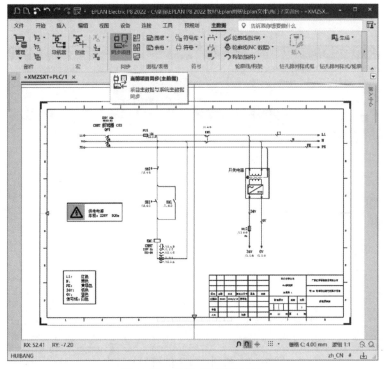

图 7-60　选择"同步项目"

在"主数据同步"对话框的"筛选器"下拉列表中选择"显示不同"，单击右侧"状态"为"更新"、"名称"为"HUIBANG"的符号库，再单击两个数据栏中间的"向左复制"箭头，开始同步，如图 7-61 所示。

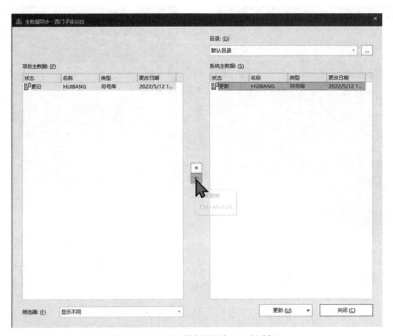

图 7-61　"主数据同步"对话框

更新完毕后，弹出内容为"更新或复制1项目主数据文件。详细信息请参阅系统消息"的系统信息弹窗，单击"确定"，然后单击"关闭"关闭对话框，如图7-62所示。

在"插入中心"打开"HUIBANG"符号库，即可找到并调用需要导入的符号，如图7-63所示。

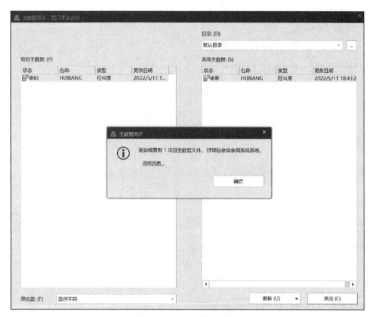

图 7-62　更新完毕

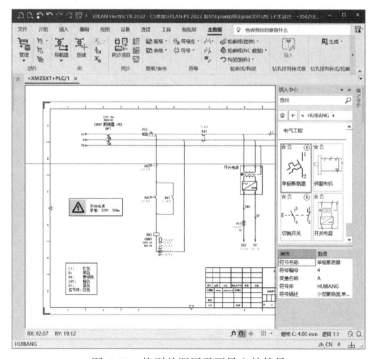

图 7-63　找到并调用需要导入的符号

五、任务总结

1）对于原本符号库中的符号一般选择复制副本的方式来进行修改。

2）绘制符号时要注意连接点的数量和间隔距离，间隔距离一般为 8mm。

3）临时更改一些基础设置后要及时复原，如打开 / 关闭"捕捉到栅格"（默认打开）、更改栅格大小。

4）导入符号后要同步项目。

六、每课寄语

学技术，练技能，当能手，做贡献。

七、拓展练习

1）绘制图 7-64 所示的伺服电机，在"4 主电路 4"页中绘制，并将其接入伺服驱动器，如图 7-65 所示。

2）将"1 主电路 1"页中的"开关电源"创建为符号宏，并重新绘制，如图 7-66 所示。

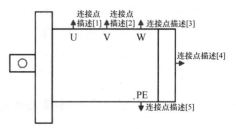

图 7-64 绘制伺服电机

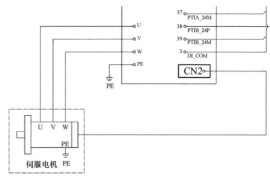

图 7-65 将伺服电机接入伺服驱动器

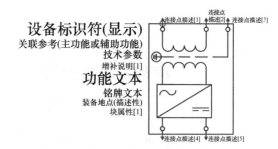

图 7-66 将"开关电源"创建为符号宏

任务 8   电缆线与屏蔽线的定义

一、任务目标

1. 知识目标

1）掌握电缆线的定义方法。

2）掌握屏蔽线的定义方法。

3）掌握电位跟踪的方法。

4）掌握信号跟踪的方法。

2. 技能目标

1）学会绘制电缆线。

2）学会绘制屏蔽线。

3）学会使用电位跟踪。

4）学会使用信号跟踪。

二、任务布置

为"任务5"添加电缆线和屏蔽线的定义，使用电位跟踪和信号跟踪跟踪主电路和二次回路，并标出电缆线的设备标识符、芯数、截面积、长度、电压、颜色，如图 8-1 所示。

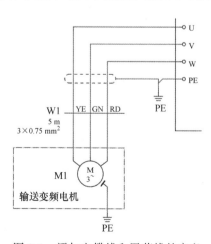

图 8-1   添加电缆线和屏蔽线的定义

三、任务分析

多芯屏蔽线比较常见，例如 PLC 与触摸屏的通信线、RS485 或 RS232 通信线、CC_Link 电缆线、PROFIBUS 电缆线。

通信线大都采用屏蔽线，目的是减弱信号传递中的电磁干扰。

电缆线和屏蔽线在电气配线中是必不可少的，图纸设计者为了方便电工配线必须在图纸中标出电缆线的芯数、截面积、线号等，方便电工最大限度地还原设计者的要求。

电位跟踪和信号跟踪方便设计者查看信号或电位的影响范围。

四、任务实施

步骤 1：绘制屏蔽线。

打开"3 主电路3"页，找到变频器开始编辑。选择"插入"→"电缆/连接"→"屏蔽"，在需要屏蔽的区域左方单击确定位置，移动光标到需要屏蔽的区域右方，再次单击放置，如图 8-2 所示。

添加连接符号将其连接到"PE"上（屏蔽线连接点在左方，需要使用"编辑"选项卡中的"旋转"命令将其旋转180°），完成屏蔽线绘制，如图 8-3 所示。

步骤 2：绘制电缆线。

选择"插入"→"电缆/连接"→"电缆"，在电机与驱动器之间的电路左侧单击，移动光标到电路右方再次单击，如图 8-4 所示。

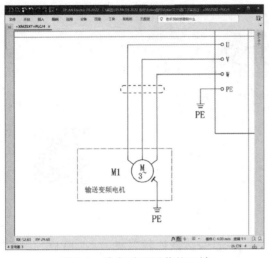

图 8-2　确定需要屏蔽的区域

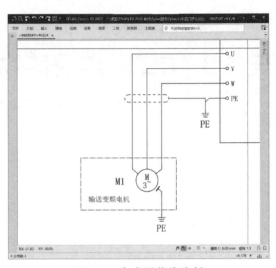

图 8-3　完成屏蔽线绘制

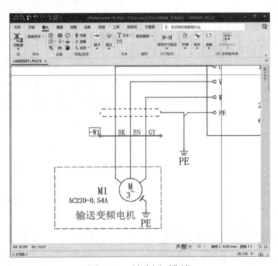

图 8-4　绘制电缆线

　　在弹出的"属性（元件）"对话框中编辑电缆线属性，"显示设备标识符"设为"W1"，"长度"为"5m"，"连接数"设为"3"，"连接：截面积/直径"设为"3×0.75"，"单位"选择"mm²"如图 8-5 所示。

　　单击"显示"选项卡，编辑其属性显示。单击"电缆/导管：连接数和截面积/直径"，再单击✎图标（也可直接双击"电缆/导管：连接数和截面积/直径"），如图 8-6 所示。

　　在"属性选择"对话框中选择"电缆/导管：带单位的截面积/直径 3×0.75mm²"，单击"确定"，如图 8-7 所示。

　　单击"确定"，然后调整电缆线符号和属性显示的位置，完成电缆线绘制，如图 8-8 所示。

　　电缆线与线路相交会自动生成线路颜色，双击连接点后再单击弹出的对话框中"颜色/编号"右方的"..."，在"连接颜色"对话框中即可更改线路的颜色，如图 8-9 所示。

　　步骤 3：电位跟踪与信号跟踪。

　　1）通过电位跟踪查看图纸。选择"视图"→"常规"→"电位跟踪"，在图中随意单击一条线路，和该线路同一电位的线路就会变成黄色显示，如图 8-10 所示。

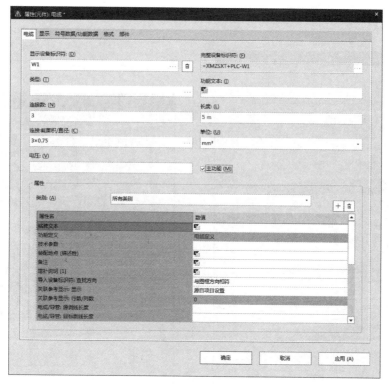

图 8-5　编辑电缆线属性

图 8-6　编辑电缆线的属性显示

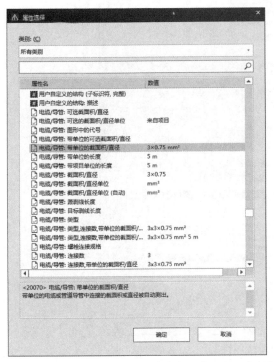

图 8-7 选择"电缆/导管：带单位的截面积/直径"

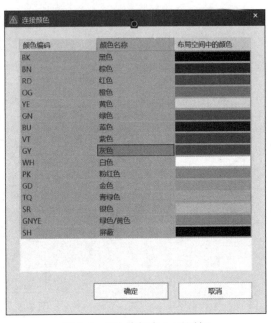

图 8-9 "连接颜色"对话框

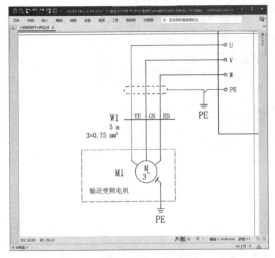

图 8-8 调整电缆线符号和属性显示的位置

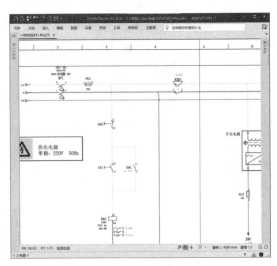

图 8-10 通过电位跟踪查看图纸

2）通过信号跟踪查看图纸。选择"视图"→"常规"→"信号跟踪"，在图中随意单击一条线路，和该线路同一信号的线路就会变成黄色显示，如图 8-11 所示。

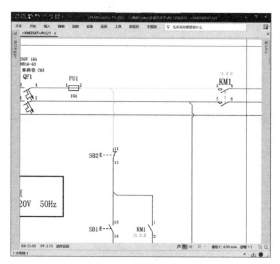

图 8-11　通过信号跟踪查看图纸

五、任务总结

1）常见的多芯电缆线有两种，一种是彩色胶皮，一种是胶皮为同一颜色并且每一芯外印刷有数字线号。图纸设计者需要根据实际情况来标识颜色或线号。

2）屏蔽线的屏蔽层接地方法：将屏蔽线一端和电路地电位短路焊接在一起，另一端悬空。

3）电缆线扩展知识：

① 一扎电缆线长度：100m，正负误差 0.5m。

② 电缆线型号：BV 为单股，BVR 为多股，BVV 为双胶单股，BVVR 为双胶多股。

③ 电缆线常用规格：$1mm^2$、$1.5mm^2$、$2.5mm^2$、$4mm^2$、$6mm^2$、$10mm^2$ 等。

④ BV 与 BVR 的区别：BV 为单芯线，BVR 为多股线，BVR 比 BV 贵 10% 左右。

⑤ BVR 相较 BV 的优点：水电施工方便，在扳弯时不易把线折断。

⑥ 电缆线颜色：红色、黄色、蓝色、绿色、黑色、黄绿色（地线）。

六、每课寄语

劳动创造世界，技能成就未来，时代呼唤先锋。

七、拓展练习

为任务 4 中所绘的伺服驱动器添加电缆线定义和屏蔽线定义。

任务9 窗口宏与页宏的创建与使用

一、任务目标

1. 知识目标

1）掌握创建窗口宏和页宏的方法。

2）掌握插入窗口宏和页宏的方法。

2. 技能目标

1）学会创建窗口宏和页宏。

2）学会插入窗口宏和页宏。

二、任务布置

将"3 主电路3"页中的变频器创建为窗口宏，将"1 主电路1"页创建为页宏，然后在本任务的项目中添加窗口宏和页宏，最后再删除它们。

三、任务分析

窗口宏可将常用的电路块制作成宏，页宏可将常用的一页或多页电路制作成宏，做成的宏在绘图时可方便地调用。

四、任务实施

1. 窗口宏的创建与使用

步骤1：创建窗口宏。

打开"3 主电路3"页，在变频器电路左上角单击并按住鼠标左键，拖动鼠标框选变频器整体，如图9-1所示。

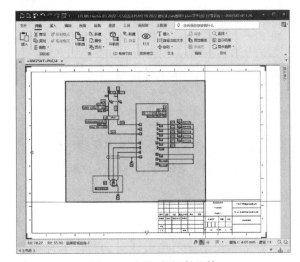

图9-1 框选变频器整体

在变频器主体上右击，选择"创建窗口宏/符号宏"，如图9-2所示。

在"另存为"对话框中，"表达类型"选择"多线"，"描述"设为"西门子变频器"，如图9-3所示。

单击"文件名"右侧的文件夹图标，选择宏保存位置，默认为安装软件设置时设定的目录，此处为C:\Users\Public\EPLAN\Data\宏\自建宏\，修改文件名为"变频器"，"保存类型"选择"窗口宏（*.ema）"，单击"保存"，如图9-4所示。

单击"附加"，选择"定义基准点"，如图9-5所示。

在合适的位置放置，其作用类似于符号插入点，如图9-6所示。

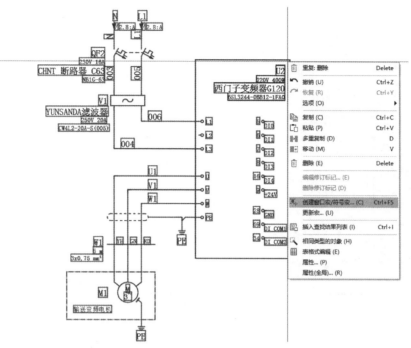

图 9-2   选择"创建窗口宏 / 符号宏"

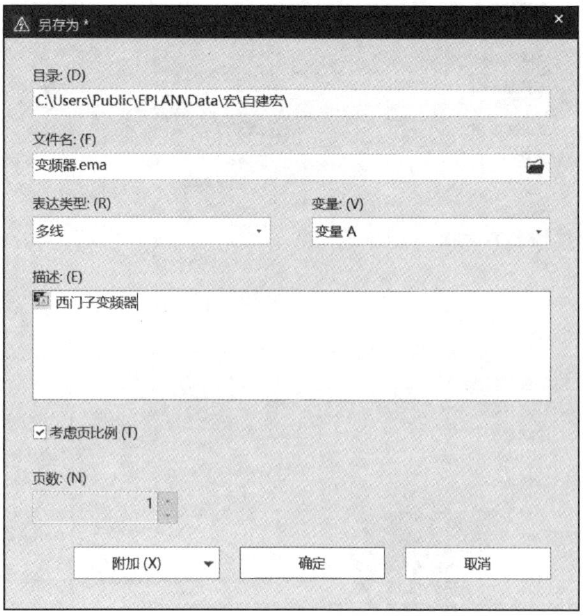

图 9-3   "另存为"对话框

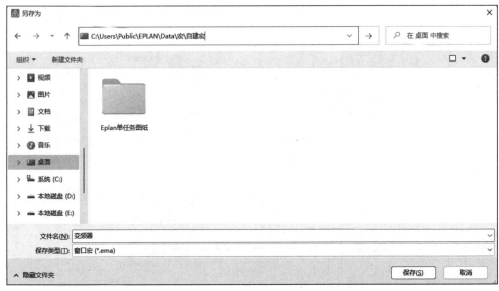

图 9-4　选择宏保存位置

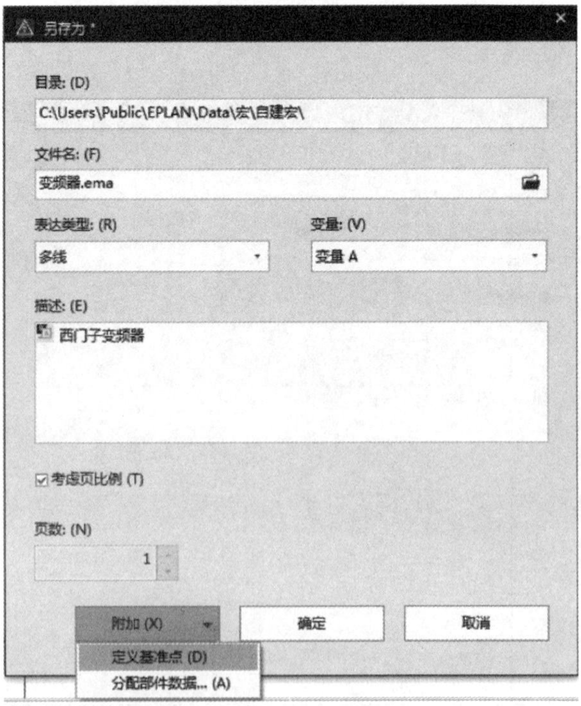

图 9-5　选择"定义基准点"

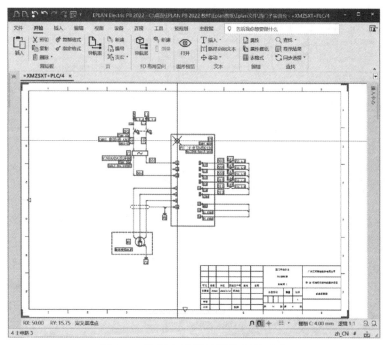

图 9-6　选择合适的放置位置基准点

单击"确定"，完成窗口宏"变频器"的创建，如图 9-7 所示。

步骤 2：使用窗口宏。

调出窗口底部菜单栏，单击"插入"→"窗口宏 / 符号宏"，如图 9-8 所示。

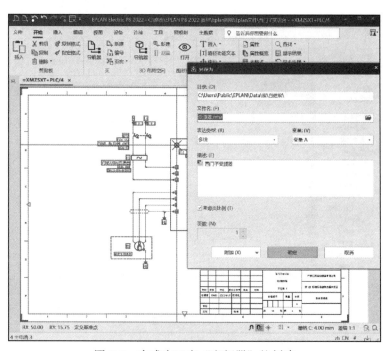

图 9-7　完成窗口宏"变频器"的创建

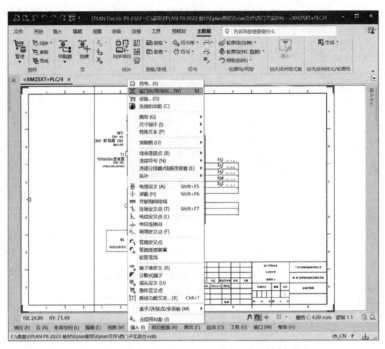

图 9-8　单击"插入"→"窗口宏 / 符号宏"

在"选择宏"对话框中找到要插入的窗口宏文件"变频器 .ema",单击"打开",如图 9-9 所示。

在图纸上单击即可完成窗口宏的插入,如图 9-10 所示。

图 9-9　选中"变频器 .ema"文件

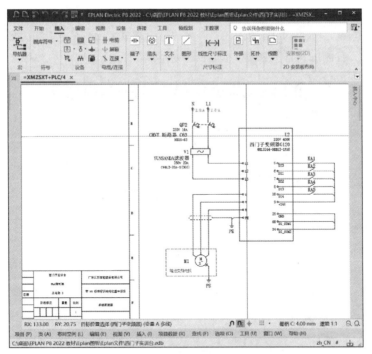

图 9-10　在图纸上单击完成窗口宏的插入

2. 页宏的创建和使用

步骤 1：创建页宏。

在页导航器中单击要创建为页宏的图纸（"1 主电路 1"页），右击选择"创建页宏"，如图 9-11 所示。

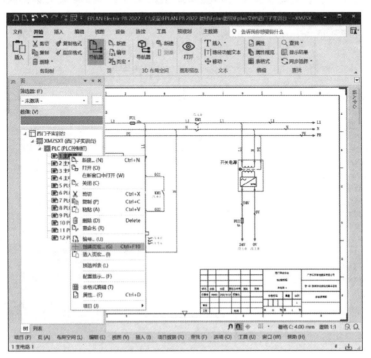

图 9-11　选择"创建页宏"

在"另存为"对话框中自定义保存位置，修改文件名为"主电路"，如图 9-12 所示。

单击"文件名"右侧的文件夹图标，选择宏保存位置，单击"保存"，如图 9-13 所示。

单击"确定"，完成页宏创建，如图 9-14 所示。

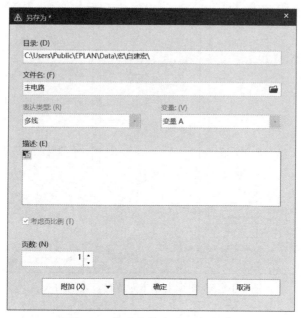

图 9-12　修改文件名为"主电路"

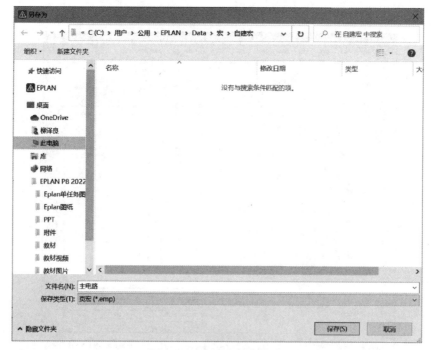

图 9-13　选择宏保存位置

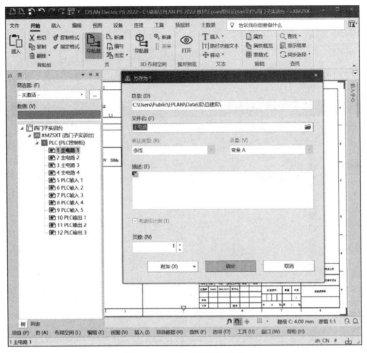

图 9-14　完成页宏创建

步骤 2：使用页宏。

在页导航器中单击要使用页宏的项目，此处为"西门子实训台"，右击（可以右击"西门子实训台""XMZSXT""PLC"，也可以右击各页名，还可以在空白处右击），选择"插入页宏"，如图 9-15 所示。

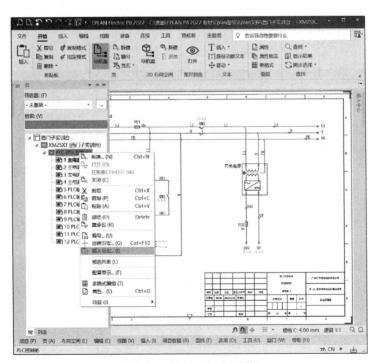

图 9-15　选择"插入页宏"

在"打开"对话框中选择要调用的页宏，此处选择上一步骤中新建的"主电路"，单击"打开"，如图 9-16 所示。

在"调整结构"对话框中修改页宏属性，

"目标"下的"页名"处修改为"13"（或勾选"页名自动"），"页描述"处修改为"主电路宏"，单击"确定"，如图 9-17 所示。

完成页宏的调用，如图 9-18 所示。

图 9-16　选择要调用的页宏

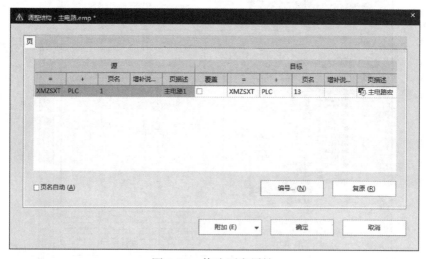

图 9-17　修改页宏属性

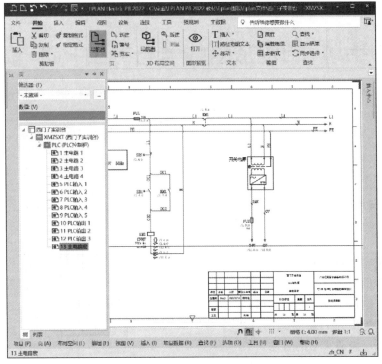

图 9-18　完成页宏的调用

五、任务总结

1）宏通过宏边框存储宏的信息。

2）区分三种宏的扩展名：符号宏的扩展名为 esy，窗口宏的扩展名为 ema，页宏的扩展名为 emp。

3）附加基准点以便于放置。

六、每课寄语

没有一流的技工，就没有一流的产品。

七、拓展练习

绘制电机星 – 三角减压起动主电路和控制电路图，并创建为窗口宏和页宏。

任务 10 手动 / 自动放置线号与导出 PDF 格式图纸

一、任务目标

1. 知识目标

1）掌握电位定义点的使用方法。
2）掌握基于信号的自动线号添加方法。
3）理解基于电位和基于信号的区别。
4）掌握图纸导出为 PDF 格式的方法。
5）掌握基于层修改字号的方法。

2. 技能目标

1）学会使用电位定义点。
2）学会绘制基于信号的自动线号。
3）学会把图纸导出为 PDF 格式。
4）学会基于层修改字号。

二、任务布置

1）使用电位定义点定义电源电路和开关电源输出电路，如图 10-1 所示。

2）为项目"西门子实训台"添加自动线号，并且把图纸导出为 PDF 格式。线号的编制要求：与 PLC 连接时按照 I/O 地址编号，除手动放置的线号（如 L1、N、24V、0V）以外均进行自动命名并放置线号。

三、任务分析

电位定义点就是通常所说的线号。线号是接线时要在号码管上打印的标识符，完整的线号标识是一台设备的基本要求，也有利于设备的后期维修和安装调试。

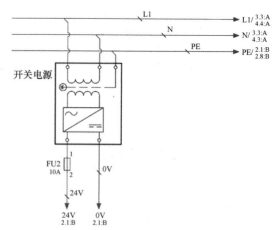

图 10-1 使用电位定义点定义电源电路和
开关电源输出电路

在线号放置前需要先理解基于连接、基于电位和基于信号的区别。基于连接是指每个连接都需要编制新的连接代号，基于电位是指电位相同的所有连接编制相同的连接编号，基于信号是指信号相同的所有连接编制相同的连接编号。

添加自动线号需要两步：第一步是放置，放置在设定的位置，以"？？？？"显示将要被放置线号的位置。第二步是编号的命名，根据命名规则来编码，然后替换第一步的"？？？？"。

图纸导出的格式分为 DWG、PDF、图片三种。导出图纸的目的主要是发给其他人时方便查看。图纸导出常用 PDF 格式，以方便在计算机、手机端查看或打印。

四、任务实施

1. 绘制电位定义点

打开"1 主电路 1"页，选择"插入"→ "电缆 / 连接"→"连接"→"电位定义点"，如 图 10-2 所示。

在"24V"线路上单击放置电位定义点， 如图 10-3 所示。

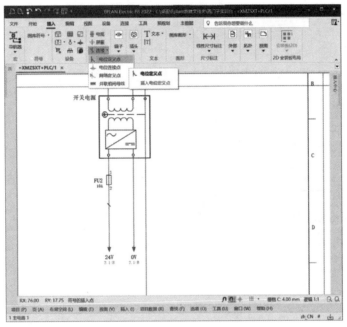

图 10-2　选择"电位定义点"

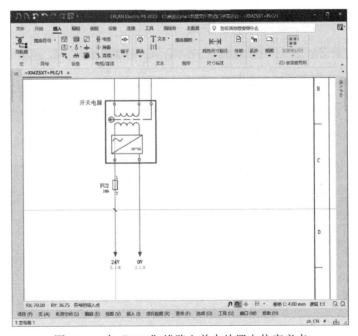

图 10-3　在"24V"线路上单击放置电位定义点

在"属性（元件）"对话框的"电位定义"选项卡中编辑电位定义点属性，"电位名称"设为"24V"，如图 10-4 所示。

单击"连接图形"选项卡编辑线路属性，

单击"颜色"右侧色条右端的"..."，选择"号码：12　颜色：165，0，0"，单击"确定"，如图 10-5 所示。最后单击"确定"完成属性编辑。

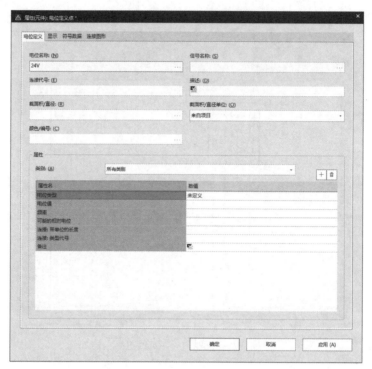

图 10-4　"电位名称"设为"24V"

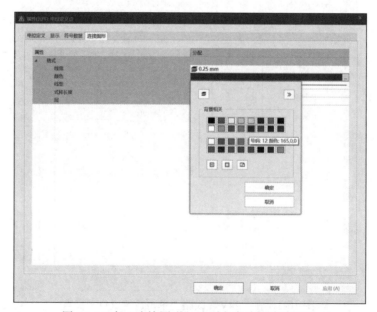

图 10-5　在"连接图形"选项卡中编辑线路属性

选择"连接"→"连接"→"更新",如　　　　　线路颜色更改,如图 10-7 所示。
图 10-6 所示。

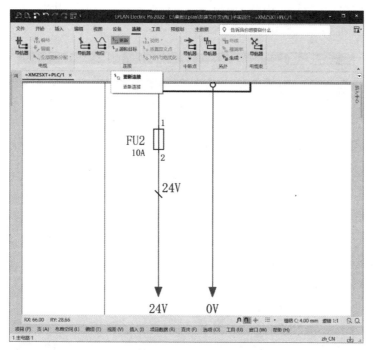

图 10-6　选择"更新"

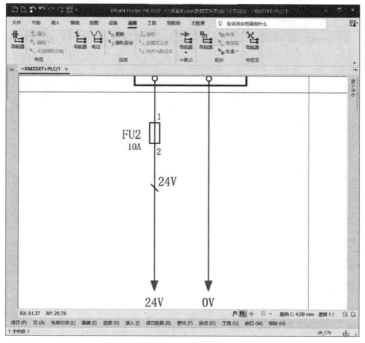

图 10-7　线路颜色更改

使用同样的方法放置"0V""L1""N""PE"4个电位定义点，将"0V"线路的颜色设置为"号码：5 颜色：0，0，255"，如图10-8所示。

2. 基于电位放置自动线号

选中项目，选择"连接"→"连接"→"放置定义点"，如图10-9所示。

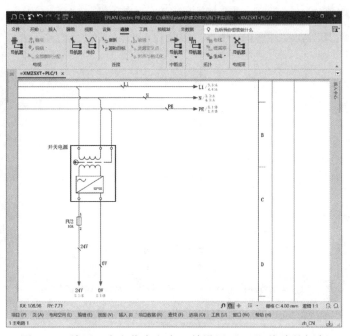

图10-8　放置4个电位定义点，并设置"0V"线路的颜色

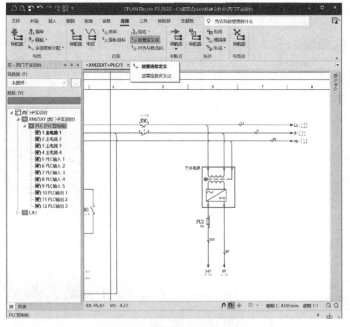

图10-9　选择"放置定义点"

在"放置连接定义点"对话框中单击"设置"右侧的"...",如图 10-10 所示。

在"设置"对话框中,"配置"选择"基于电位",选择"放置"选项卡,在"放置数"选项组中选择"每页一次",单击"确定",如图 10-11 所示。

勾选"应用到整个项目",单击"确定",如图 10-12 所示。

在图中自动生成未定义线号"？？？？？",如图 10-13 所示。

图 10-10　单击"..."

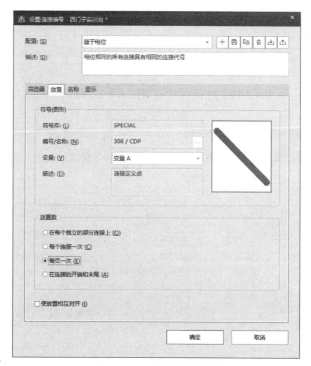

图 10-11　设置线号属性

图 10-12　勾选"应用到整个项目"

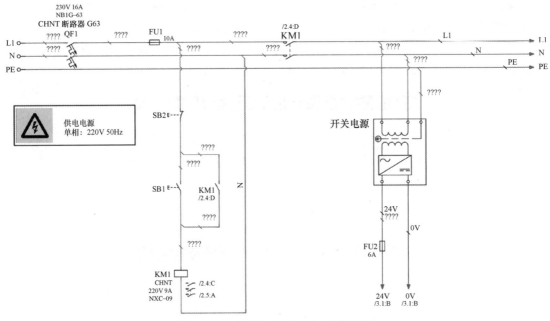

图 10-13　在图中自动生成未定义线号

整理图纸中放置的线号：去除多余线号，并调整线号到合适的位置，如图 10-14 所示。

选择"连接"→"连接"→"说明"，如图 10-15 所示。

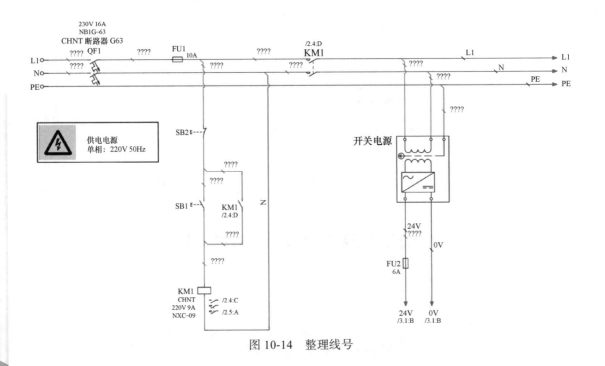

图 10-14　整理线号

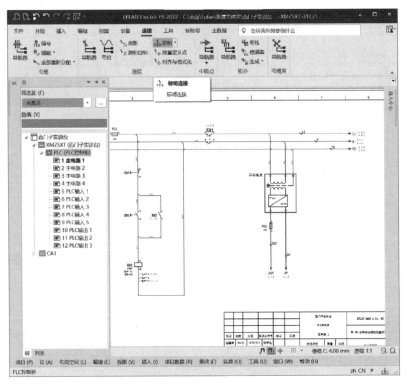

图 10-15　选择"说明"

在"对连接进行说明"对话框中,"设置"选择"基于电位",勾选"标记为'手动放置'""应用到整个项目"和"结果预览",单击"确定",如图 10-16 所示。

对结果进行预览,单击"确定",如图 10-17 所示。

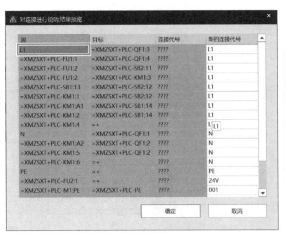

图 10-17　结果预览

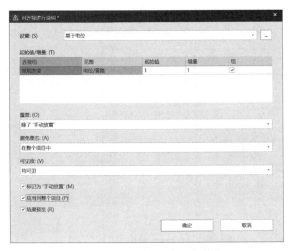

图 10-16　选择"基于电位"

线号自动生成,如图 10-18 所示。
修改不需要的线号,如图 10-19 所示。

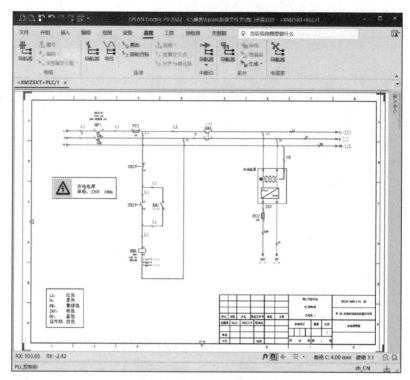

图 10-18　线号自动生成

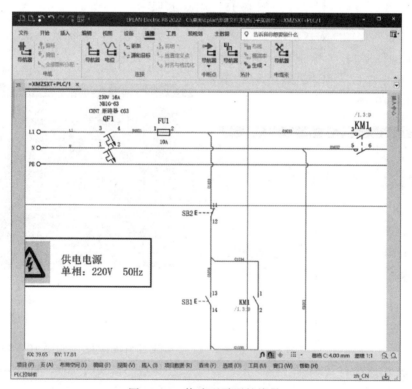

图 10-19　修改不需要的线号

3. 基于信号放置自定义的自动线号

基于信号放置自动线号与基于电位放置自
动线号这两种方法，在放置线号时只能使用其
中一种，所以练习本小节时需要撤销上一小节
的操作。按 <Ctrl+Z> 键撤销操作到放置线号
前，然后再开始基于信号放置线号操作。

选择"连接"→"连接"→"放置定义点"，
弹出"放置连接定义点"对话框，"设置"选
择"基于信号"，勾选"应用到整个项目"，单
击"确定"，如图 10-20 所示。

图 10-20　选择"基于信号"

原理图中未连接特殊点（端子、PLC 连
接点等）的线路为"常规连接"，"基于信号"
的默认设置为显示"页 + 列 + 计数器"，可对
其进行更改。单击"设置"右方的"..."，如
图 10-21 所示。

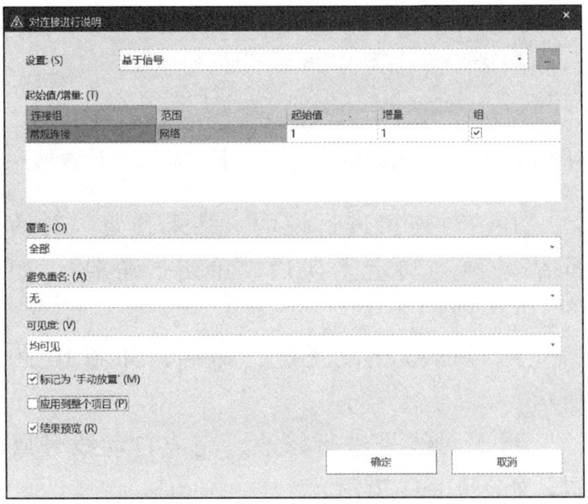

图 10-21　单击"设置"右方的"..."

"配置"选择"基于信号"，单击右侧的
"复制"图标，如图 10-22 所示。

图 10-22　单击"复制"图标

"名称"修改为"基于信号 2"，单击"确
定"，如图 10-23 所示。

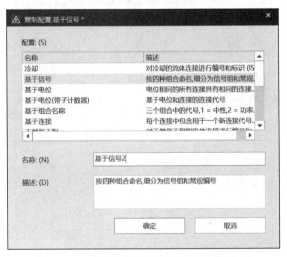

图 10-23　修改"名称"为"基于信号 2"

选择"基于信号 2"进行修改，双击"名
称"选项卡中"连接组"下方的"常规连接"，
如图 10-24 所示。

图 10-24 双击"常规连接"

单击"所选的格式元素"下的"页",再单击"删除"图标,用同样的方法把其下的"列"也删除,如图 10-25 所示。

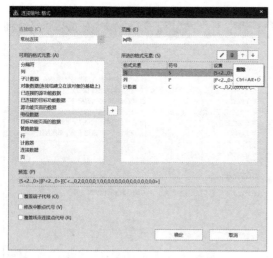

图 10-25 删除"页"和"列"

双击"所选的格式元素"下的"计数器"进行编辑,修改最小位数为"3",单击"确定",如图 10-26 所示。

"所选的格式元素"下只显示"计数器",单击"确定",如图 10-27 所示。

单击"确定",勾选"应用到整个项目",单击"确定",如图 10-28 所示。

图 10-26 修改最小位数为"3"

图 10-27 "所选的格式元素"下只显示"计数器"

在"对连接进行说明:结果预览"对话框结果预览确定无误后,单击"确定",如图 10-29 所示。

线号已按照设置进行命名,如图 10-30 所示。

再次对线号进行修改,完成自动线号放置,如图 10-31 所示。

4. 导出 PDF 格式图纸

选择"西门子实训台"项目,单击上方的"文件",如图 10-32 所示。

单击"导出",再单击"PDF"前的图标,如图 10-33 所示。

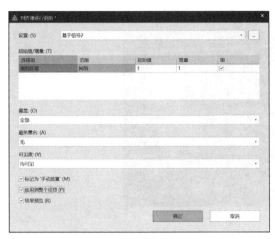

图 10-28　勾选"应用到整个项目"

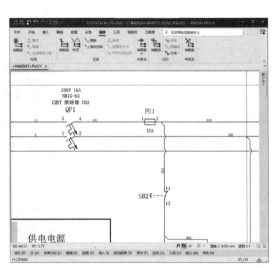

图 10-30　线号已按照设置进行命名

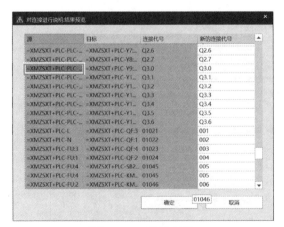

图 10-29　结果预览

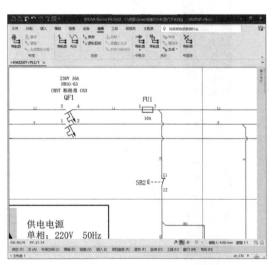

图 10-31　完成自动线号放置

图 10-32 单击 "文件"

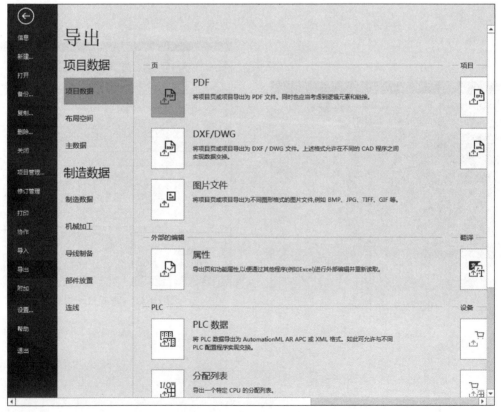

图 10-33 单击 "导出"

在"输出目录"处修改 PDF 文件的保存位置,"输出"选择"彩色",如图 10-34 所示。

完成 PDF 文件导出,如图 10-35 所示。

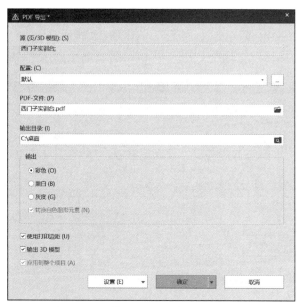

图 10-34 修改 PDF 文件的保存位置

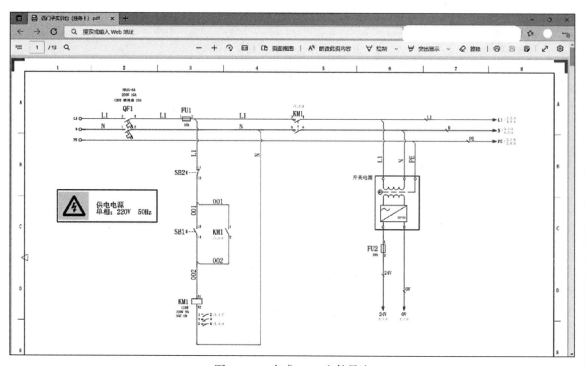

图 10-35 完成 PDF 文件导出

5. 了解层并通过层更改自动线号字体大小

在 EPLAN 图纸中，每一种数据均在单独的层中，默认分为"图形""符号图形""属性放置""特殊文本""3D 图形"5 类。当图纸需要进行统一修改时（如字号、颜色等），可通过层快速修改。选择"工具"→"管理"→"层"，

如图 10-36 所示。

在"层管理"所在栏右击，选择"作为选项卡停靠"，相关内容将会在工具栏下方显示，两种显示方式可快速切换，如图 10-37 和图 10-38 所示。

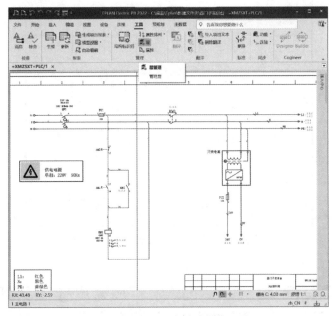

图 10-36 选择"层"

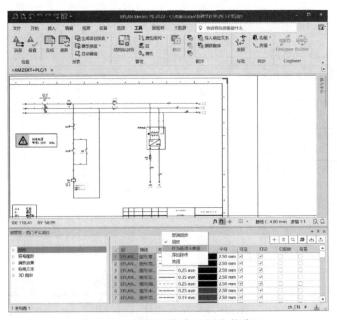

图 10-37 选择"作为选项卡停靠"

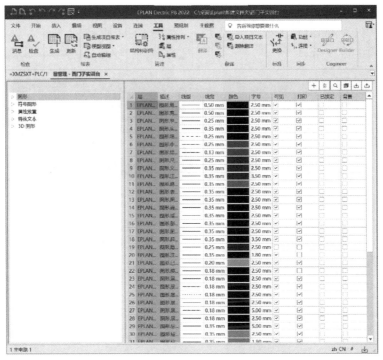

图 10-38　相关内容在工具栏下方显示

如要修改自动线号文字的大小，先双击一个生成的自动线号，选择"显示"选项卡，单击"连接代号"，在右侧"层"旁显示其位于"EPLAN405，属性放置 . 连接定义点"层，单击"确定"，如图 10-39 所示。

图 10-39　查看线号所在层位置

打开"层管理",选择"属性放置"→"连接定义点"→"EPLAN405",更改其字号为"3.50mm",如图 10-40 所示。

所有生成的自动线号字号变为"3.50mm",如图 10-41 所示。

图 10-40　更改字号

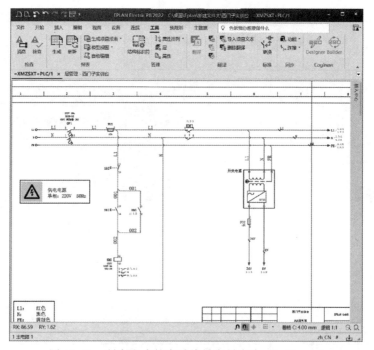

图 10-41　所有生成的自动线号字号变为"3.50mm"

五、任务总结

1）新手理解基于电位和基于信号可能会有困难，建议用同一份图纸都试一下，然后分析一下它们的区别。

2）常见的线号编制规则：①与 PLC 连接时按 I/O 地址编号；②与中断点连接时按中断点设备标识符编号；③电位加编号，如 L1、L2、L3、N1、U2、V2、W2、P24V、P0V 等。

3）复杂的线号命名通常包含几个部分，如工位区域 +PLC 站号 + 信号类型 + 点位号，例如装配段的 2 号 PLC 从站输入点 5 的线号标识为 ZP2DI05。

六、每课寄语

学一技之长，创一片蓝天。学一技之长，创一番事业。

七、拓展练习

将图纸中的显示设备标识符等文本设置为"3.5mm"，再将图纸导出为 PDF 格式。

任务 11　标题页的创建与应用

一、任务目标

1. 知识目标

1）掌握标题页的创建方法。

2）掌握特殊文本的应用方法。

3）掌握项目属性的修改方法。

2. 技能目标

1）学会绘制标题页。

2）学会标题页的应用与修改属性值。

二、任务布置

为前面项目添加标题页，如图 11-1 所示。要求：标题栏添加公司 LOGO 图片，公司名称字体改为宋体，字号改为 14mm；内容页面字体都改为宋体，字号改为 5mm；标题页中要显示公司/客户名称、项目描述、项目编号、项目名称、项目负责人、生产日期、电源电压、安装地点、创建日期、编辑日期、设备外观图等重要信息。

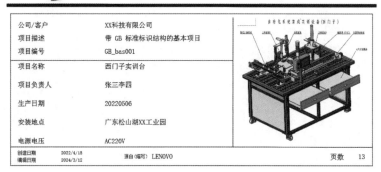

图 11-1　标题页

三、任务分析

标题页是整本图纸的第一页，其中显示了设备外观图，方便图纸和设备相对应，还显示了项目描述和项目名称、安装时需要的电源电压、安装地点等重要信息，方便图纸使用者对此图纸有一个大概的了解。

完成本任务需要先复制一个标题页表格，修改标题页副本表格中的内容，然后在新项目中调用修改过的标题页，最后在新项目属性中修改与标题页相关的属性值。

四、任务实施

步骤 1：新建一个标题页。

展开"西门子实训台"导航器，右击"PLC（PLC控制柜）"，弹出快捷菜单，选择"新建"，如图11-2所示。

图 11-2　选择"新建"

在"新建页"对话框中，单击"完整页名"右侧的"..."，弹出"完整页名"对话框，"页名"栏改为"0"，单击"确定"，如图11-3所示。

图 11-3　"完整页名"对话框

单击"页类型"右侧的"..."，弹出"添加页类型"对话框，选择"标题页/封页（自动式）"，单击"确定"，如图11-4所示。

图 11-4　"添加页类型"对话框

在"页描述"中输入"标题页"，"图框名称"选择"FN1_001"，单击"确定"，如图11-5所示。

图 11-5　继续编辑属性

如图 11-6 所示，标题页新建完成。

步骤 2：复制一个标题页表格。

选择"主数据"→"图框 / 表格"→"表格"→"复制"，如图 11-7 所示。

弹出"复制表格"对话框，单击最右侧的下拉列表框，在下拉列表中找到"标题页 / 封页（*.f26）"并单击，如图 11-8 所示。

在更新的对话框中找到"F26_004.f26"文件并选中，单击"打开"，如图 11-9 所示。

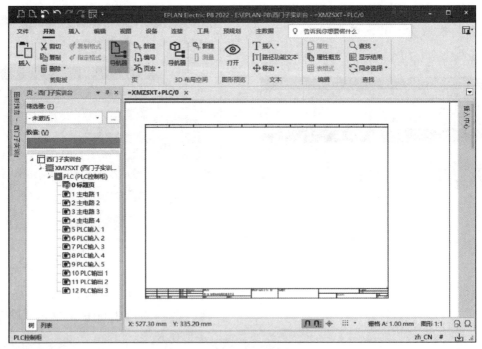

图 11-6　标题页新建完成

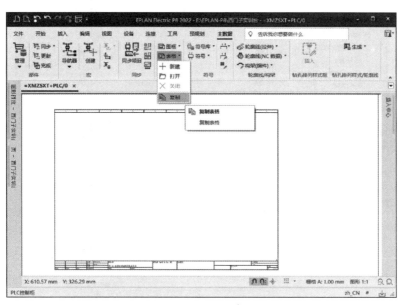

图 11-7 选择"复制"

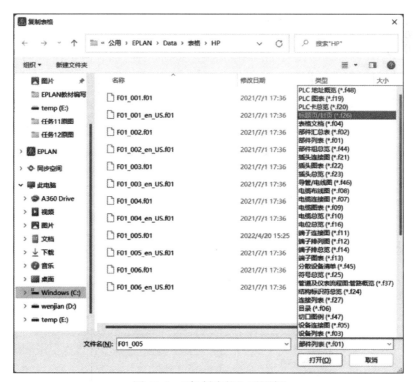

图 11-8 "复制表格"对话框

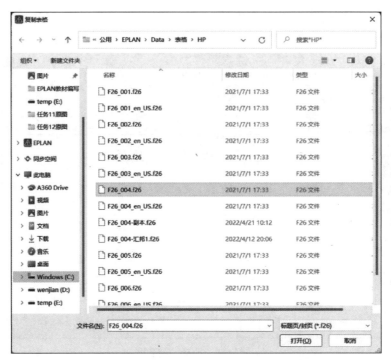

图 11-9 找到"F26_004.f26"文件并选中

弹出"创建表格"对话框，如图 11-10 所示。

单击"保存"按钮，软件页面切换至

"F26_004– 副本 .f26"的编辑页面，如图 11-11 所示。

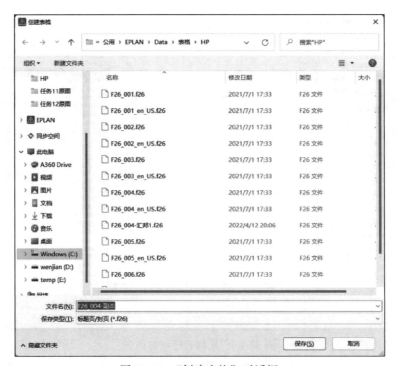

图 11-10 "创建表格"对话框

图 11-11 切换至"F26_004- 副本 .f26"的编辑页面

步骤 3:定制标题页内容。

1)更换 LOGO。如图 11-12 所示,右击 LOGO 图标,弹出快捷菜单。单击"删除"即可删除 LOGO。选择"插入"→"图片"→"图片文件",如图 11-13 所示。

弹出"选取图片文件"对话框,浏览文件找到提前准备好的 LOGO 文件并选中,单击"打开",如图 11-14 所示。

弹出"复制图片文件"对话框,选择"复制"并勾选"带询问的覆盖",单击"确定",如图 11-15 所示。

图 11-12 弹出快捷菜单

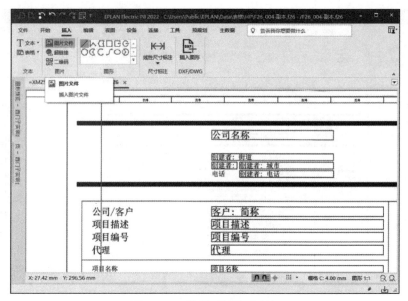

图 11-13 选择 "图片文件"

图 11-14 "选取图片文件" 对话框

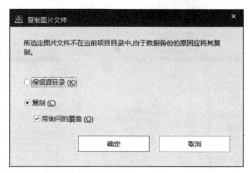

图 11-15 选择 "复制" 并勾选 "带询问的覆盖"

选择放置图片的位置，先单击图片放置的第一个角点，再单击图片的第二个角点（见图 11-16），弹出"属性（图片文件）"对话框，默认勾选"保持纵横比"，单击"确定"，如图 11-17 所示。

如图 11-18 所示，这样 LOGO 图标就更换完成了。

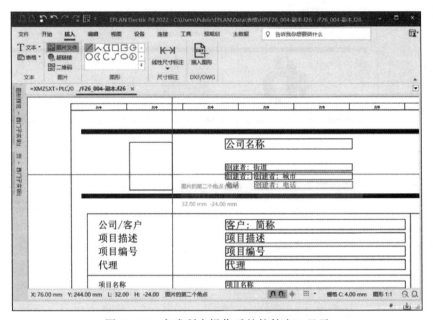

图 11-16　完成所有操作后的软件窗口显示

图 11-17　"属性（图片文件）"对话框

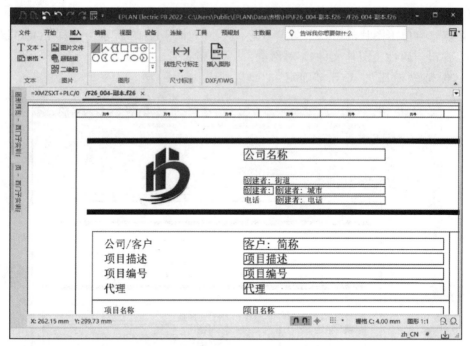

图 11-18　LOGO 图标更换完成

2）删除不需要的文本。要定制满足要求的标题页，需要先删除不需要的文本。框选要删除的文本，右击弹出快捷菜单，单击"删除"，如图 11-19 所示。

重复以上删除方法，留下图 11-20 所示页面。

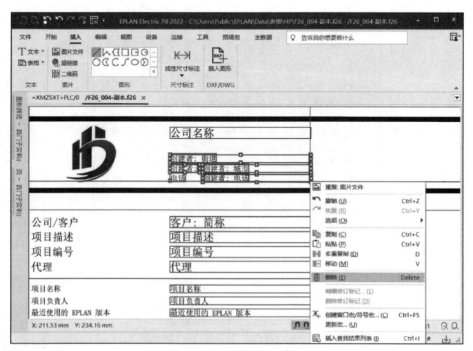

图 11-19　弹出快捷菜单

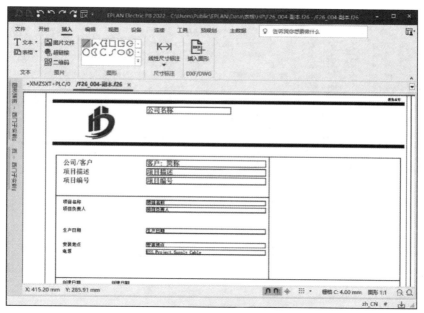

图 11-20　删除不需要的文本

3）更改字号与字体。双击"公司名称"，弹出"属性（特殊文本）"对话框，单击"格式"选项卡，把字号改为"14.00mm"，字体改为"字体 1：宋体"，单击"确定"，如图 11-21 所示。

然后移动文本到合适的位置，如图 11-22 所示。

图 11-21　更改字号和字体

图 11-22　移动文本到合适的位置

还可以批量更改字体和字号。框选需要修改的文本，右击弹出快捷菜单，如图 11-23 所示。

单击"属性"，弹出"属性（特殊文本）"对话框，如图 11-24 所示。

图 11-23　右击框选的文本

图 11-24　弹出"属性（特殊文本）"对话框

把字号改为"5.00mm"，字体改为"字体 1：宋体"，单击"应用"，再单击"确定"。

用上述方法把其余文本的字号改为"5.00mm"，字体改为"字体 1：宋体"，如图 11-25 所示。

最后调整文本间距，如图 11-26 所示。

图 11-25　字号和字体修改完毕

图 11-26 调整文本间距

4）更改文本内容。双击"电源"，弹出
"属性（文本）"对话框，把"文本"下的内容
改为"电源电压"，单击"确定"，如图 11-27
所示。

图 11-27 更改文本内容

双击"ESS.Project.Supply_Cable"，弹出
"属性（特殊文本）"对话框，如图 11-28 所示。

图 11-28 "属性（特殊文本）"对话框

单击"放置"选项卡中"属性"下"ESS.
Project.Supply_Cable"右侧的"..."，弹出"属
性选择"对话框，找到并选中"控制电压"，
单击"确定"，如图 11-29 所示。

更新内容后如图 11-30 所示。

单击"确定"，至此定制的表格设定完成，
如图 11-31 所示。

图 11-29　找到并选中"控制电压"

图 11-30　内容更新

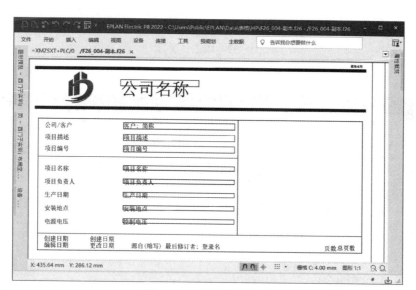

图 11-31　表格设定完成

右击"F26_004– 副本 .f26 标题页 / 封页"弹出快捷菜单，单击"关闭"，如图 11-32 所示。

步骤 4：调用刚才定制的标题页。

右击"0 标题页"弹出快捷菜单，单击"属性"，如图 11-33 所示。

弹出"页属性"对话框，单击"表格名称"右侧的三角，弹出下拉列表，单击"浏览"，如图 11-34 所示。

弹出"选择表格"对话框，选择"F26_004– 副本 .f26"文件，单击"打开"，如图 11-35 所示。

回到"页属性"对话框，单击"确定"，这样就调用了定制的标题页，如图 11-36 所示。

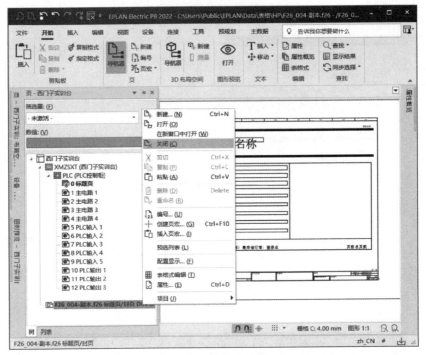

图 11-32 单击"关闭"

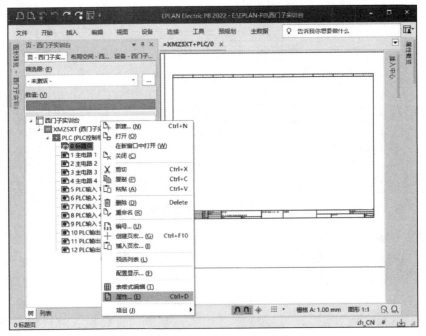

图 11-33 单击"属性"

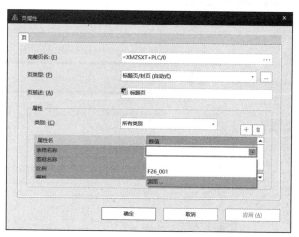

图 11-34　单击"浏览"

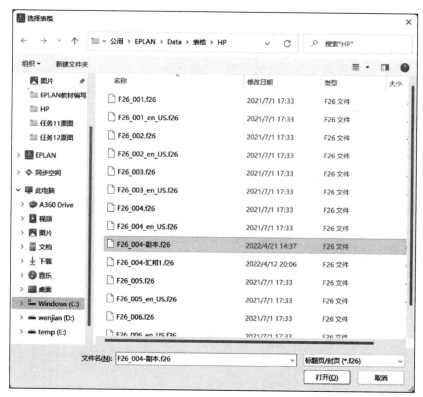

图 11-35　选择"F26_004– 副本 .f26"文件

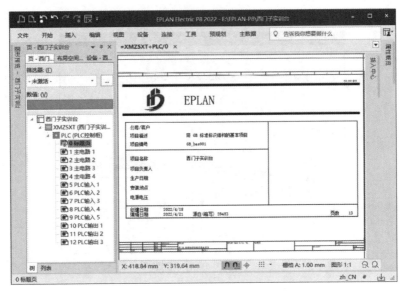

图 11-36 调用定制的标题页完成

步骤 5：更改项目属性。

单击"文件"，如图 11-37 所示。

显示图 11-38 所示的西门子实训台的"项目属性"。把"公司名称"更改为"××智能装备有限公司"；把"项目负责人"更改为指定的姓名，这里改为"张三李四"；把"安装地点"改为"广东松山湖××工业园"；把"客户：简称"改为"××科技有限公司"；把

"生产日期"改为"20220506"。需要在"属性名"下新建一个属性时，单击右侧的"新建"图标。

弹出"属性选择"对话框，选择"控制电压"，单击"确定"，如图 11-39 所示。

则在"属性名"下新增了"控制电压"属性，把"控制电压"改为"AC220V"，如图 11-40 所示。

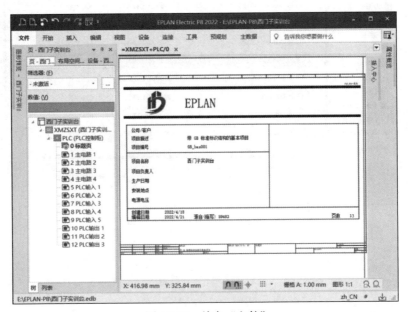

图 11-37 单击"文件"

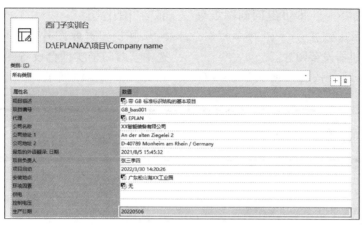

图 11-38　修改各属性的内容

图 11-39　选择"控制电压"

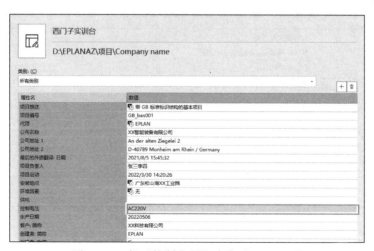

图 11-40　把"控制电压"改为"AC220V"

单击左上方的"←"，即可返回到图纸页面，如图 11-41 所示。

步骤 6：插入机器设备图片。

如图 11-42 所示，选择"插入"→"外部""图片文件"。

弹出"选取图片文件"对话框，找到并选中"西门子实训台设备图"文件，单击"打开"，如图 11-43 所示。

图 11-41　返回到图纸页面

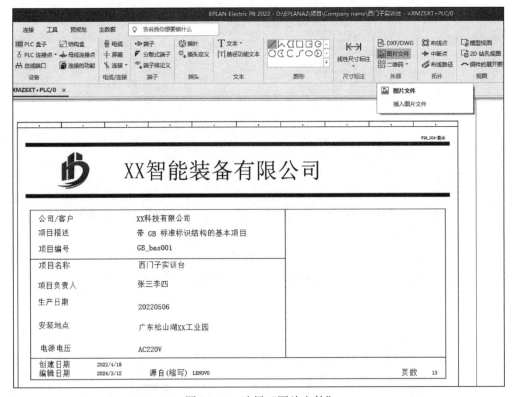

图 11-42　选择"图片文件"

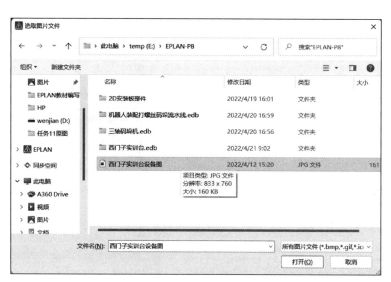

图 11-43　找到并选中"西门子实训台设备图"文件

弹出"复制图片文件"对话框，单击"确定"，如图 11-44 所示。

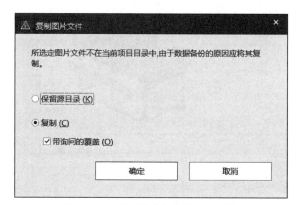

图 11-44　"复制图片文件"对话框

在标题页上选择放置图片的位置，先单击图片放置的第一个角点，再单击图片放置的第二个角点，弹出"属性（图片文件）"对话框，默认勾选"保持纵横比"，单击"确定"，如图 11-45 所示。

图 11-45　"属性（图片文件）"对话框

如图 11-46 所示，标题页完成。

最后重新给页码编号。展开"西门子实训台"导航器，右击"PLC（PLC 控制柜）"，弹出快捷菜单，选择"编号"，如图 11-47 所示。

弹出"给页编号"对话框，单击"确定"，如图 11-48 所示。

图 11-46　标题页完成

图 11-47　选择"编号"

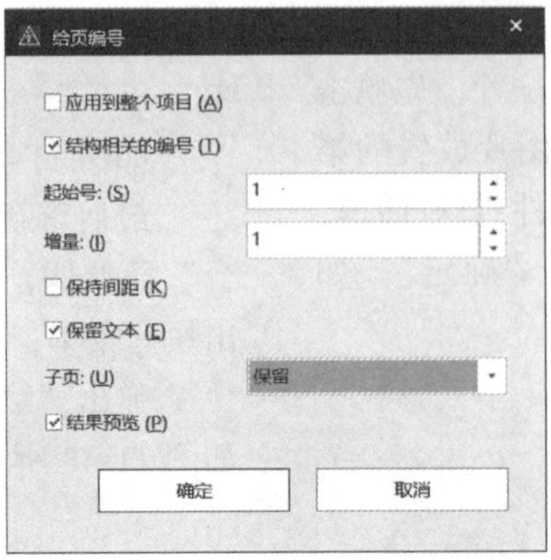

图 11-48　"给页编号"对话框

弹出"给页编号：结果预览"对话框，单击"确定"，如图 11-49 所示。

页码进行了重新编号，如图 11-50 所示。

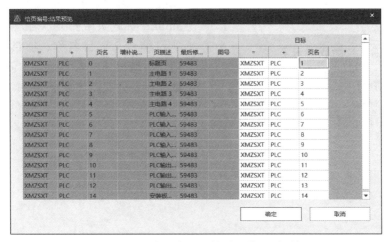

图 11-49　"给页编号：结果预览"对话框

图 11-50　页码重新编号

五、任务总结

1）文本：普通的、固定的文字。文本和项目属性无关。

2）特殊文本：表达项目属性、页或表格属性的值。如果所代表的属性没有值，则特殊文本不显示。需要更改该项时，需要在对应的项目属性中去填写对应的值。它相当于一个变量容器，需要在容器中放入实际存放的东西。

3）可以在标题页表格中增加文本和特殊文本，并使其与项目属性相关联。

4）在更改标题页表格时，复制默认的

表格为新文件，在新文件基础上完成更改，定制自己企业的封面。

六、每课寄语

专业成就卓越，技能成就未来。

七、拓展练习

请同学们设计一个小车自动往返的电路

图并添加一个标题页，要求：标题栏添加公司 LOGO，公司名称字体改为宋体，字号改为14mm；内容页面字体都改为宋体，字号改为5mm；标题页中要显示客户名称、项目描述、项目编号、项目名称、项目负责人、生产日期、电源电压、安装地点、创建日期、编辑日期、设备外观图等重要信息。

任务 12　电气安装板的绘制

一、任务目标

1. 知识目标

1）掌握线槽、导轨的绘制方法。
2）掌握电气部件的导入与放置方法。
3）掌握安装尺寸的标注方法。
4）掌握部件列表的生成方法。

2. 技能目标

1）学会添加电气安装板。
2）学会绘制线槽、导轨。

3）学会导入与放置电气部件。
4）学会标注安装尺寸。
5）学会嵌入部件列表。

二、任务布置

在前面的项目中添加安装板布局图，如图 12-1 所示。要求添加线槽、导轨、西门子 PLC、断路器、交流接触器、开关电源等，具体细节可参考表 12-1，并生成该页的部件列表。

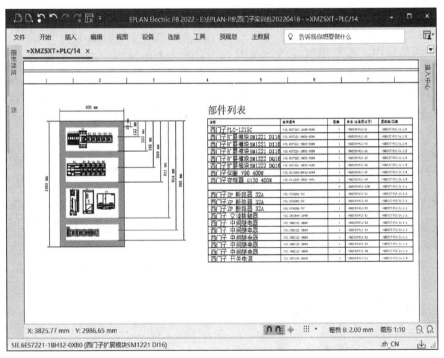

图 12-1　安装板布局图

表 12-1　部件列表

序号	名称	型号规格	单位	数量
1	西门子 PLC CPU 模块	S7-1215C，DC 24V	个	1
2	西门子 PLC 输入扩展模块	SM1221 DI16，DC 24V	个	3
3	西门子 PLC 输出扩展模块	SM1222 DQ16，DC 24V	个	2
4	断路器	西门子，2P，32A	个	3
5	交流接触器	西门子，线圈220V、25A	个	1
6	中间继电器	西门子，8 脚，DC 24V	个	5
7	开关电源	西门子，DC 24V，150W	个	1
8	西门子伺服驱动器	V90，单相220V、0.4kW	套	1
9	西门子变频器	G120，单相220V、0.4kW	个	1
10	导轨	C45，国标	条	3
11	线槽	50mm × 50mm	条	3
12	端子排	10A	个	40

三、任务分析

电气安装板是给电工安装电气元件的参考标准，安装板中标注了线槽、导轨的安装尺寸和电气元件的安装位置，方便电工最大限度地还原设计者的要求。

完成本任务需要新建一个安装板布局的页面，然后插入安装板。首先布局好线槽与导轨的位置，然后在 2D 安装板布局导航器中拖放电气元件到安装板上，最后标注尺寸。

四、任务实施

步骤 1：新建一个安装板布局的页面。

展开"西门子实训台"导航器，右击"PLC（PLC 控制柜）"，弹出快捷菜单，选择"新建"，如图 12-2 所示。弹出"新建页"对话框，单击"完整页名"后的"..."，弹出"完整页名"对话框，"页名"栏改为"14"，然后单击"确定"，如图 12-3 所示。在"页类型"下拉列表中选择"安装板布局（交互式）"，如图 12-4 所示。在"页描述"中输入"安装板布局图"，"图框名称"选择"GB_A3_001"，"比例"更改为"1：10"，单击"确定"，如图 12-5 所示。

步骤 2：插入一个 2D 安装板。

如图 12-6 所示，选择"插入"→"2D 安装板布局"→"安装板（2D）"，在图纸上单击，生成第一个插入点，移动光标再次单击，如图 12-7 所示，就插入了一个 2D 安装板。弹出"属性（元件）"对话框，在"显示设备标识符"中输入"-AZB1"，如图 12-8 所示。在"格式"选项卡中修改"宽度"为"600.00mm"，修改"高度"为"1050.00mm"，如图 12-9 所示，单击"确定"。

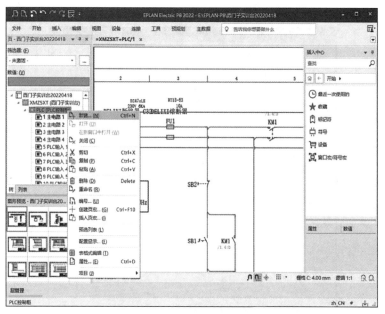

图 12-2　选择"新建"

图 12-3　"页名"栏改为"14"

图 12-4　在"页类型"下拉列表中选择
"安装板布局（交互式）"

图 12-5　在"新建页"对话框中完成各项内容的设置

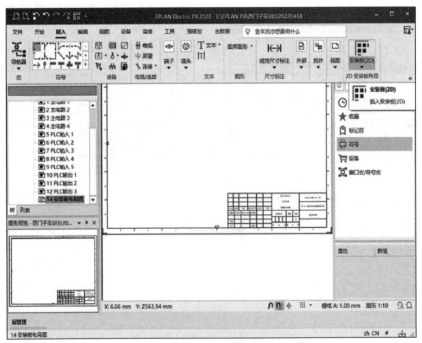

图 12-6　选择"安装板（2D）"

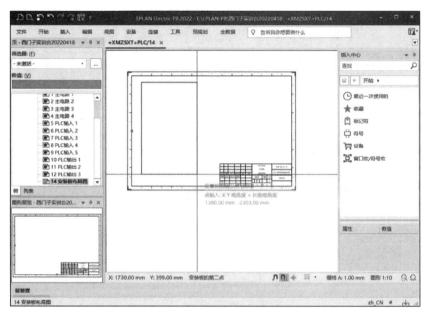

图 12-7 移动光标再次单击

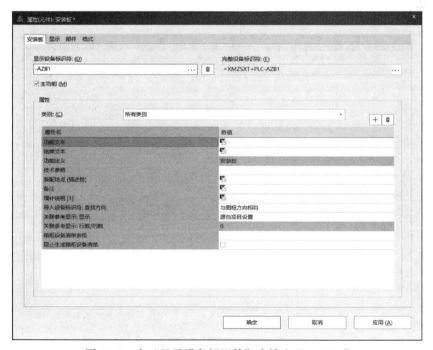

图 12-8 在"显示设备标识符"中输入"-AZB1"

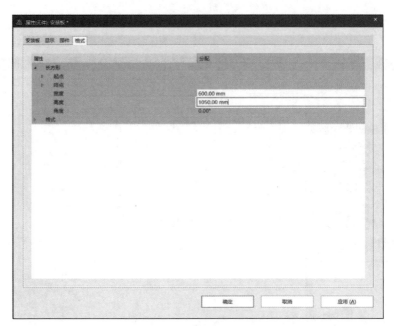

图 12-9　修改宽度和高度

步骤 3：绘制线槽、导轨。

在绘制线槽之前，先打开对象捕捉，如图 12-10 所示。选择"插入"→"图形图库"→"直线"→中选择"长方形"，如图 12-11 所示。在安装板的上边缘绘制一个长方形，如图 12-12 所示。双击此长方形，弹出"属性（长方形）"对话框，如图 12-13 所示，把"高度"修改为"50.00mm"，"颜色"修改为"号码：9 颜色：191，191，191"，勾选"填充表面"，单击"确定。这样第一条线槽就绘制好了，如图 12-14 所示。

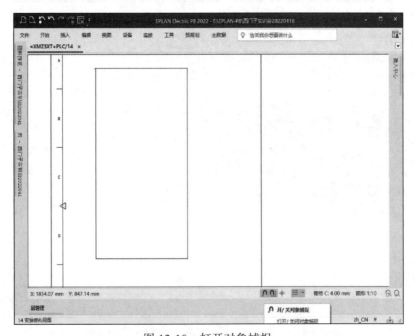

图 12-10　打开对象捕捉

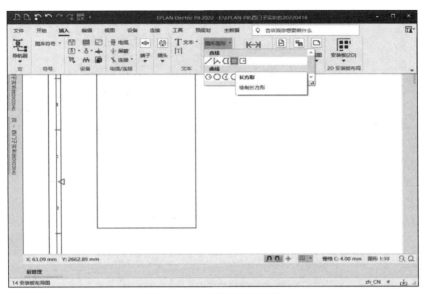

图 12-11　选择"长方形"

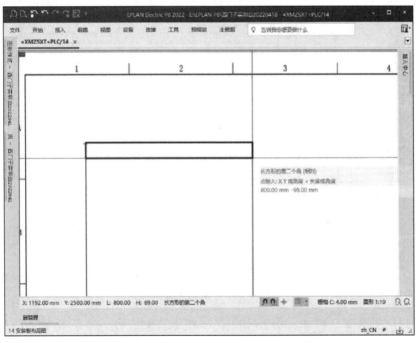

图 12-12　在安装板的上边缘绘制一个长方形

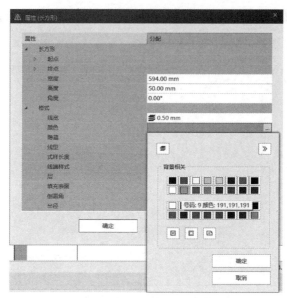

图 12-13　在"属性(长方形)"对话框中修改各项内容的设置

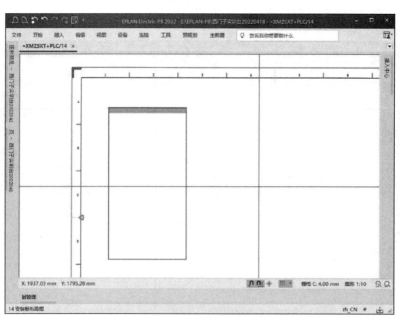

图 12-14　第一条线槽绘制完成

选中刚画好的线槽,右击,弹出快捷菜单,单击"复制",如图 12-15 所示。选择长方形线槽左上角作为复制的基准点,如图 12-16 所示。然后粘贴到安装板的下边缘,这样第二条线槽就绘制好了,如图 12-17 所示。

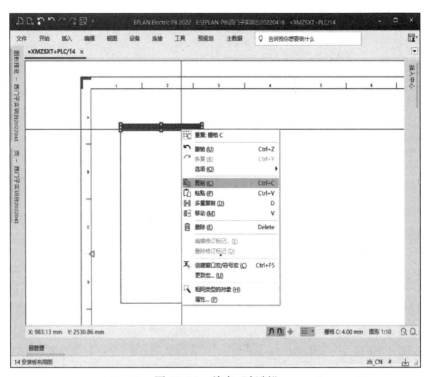

图 12-15　单击"复制"

图 12-16　选择复制的基准点

EPLAN 电气设计

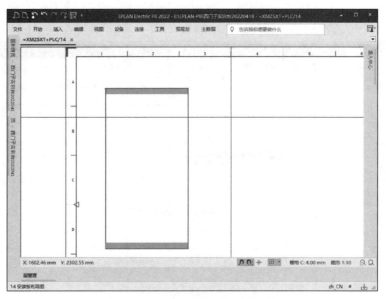

图 12-17　第二条线槽绘制完成

　　用绘制第一条线槽的方法绘制第三条线槽，如图 12-18 所示，在"属性（长方形）"对话框中把"宽度"修改为"50.00mm"，"颜色"修改为"号码：9 颜色：191，191，191"，勾选"填充表面"，单击"确定。这样第三条线槽就绘制好了，如图 12-19 所示。

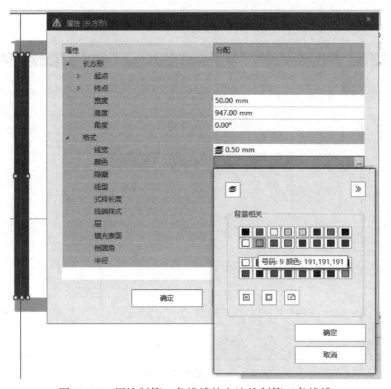

图 12-18　用绘制第一条线槽的方法绘制第三条线槽

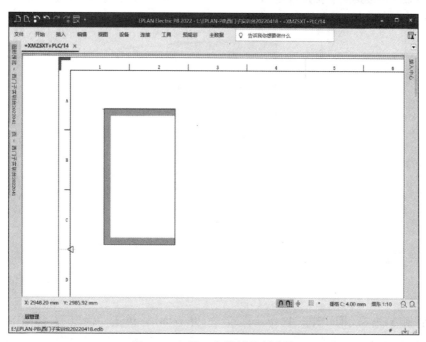

图 12-19　第三条线槽绘制完成

用绘制第二条线槽的方法绘制第四条线槽，即复制第三条线槽然后粘贴到安装板的右边缘，如图 12-20 所示。用上述的绘制方法绘制其余线槽，如图 12-21 所示。

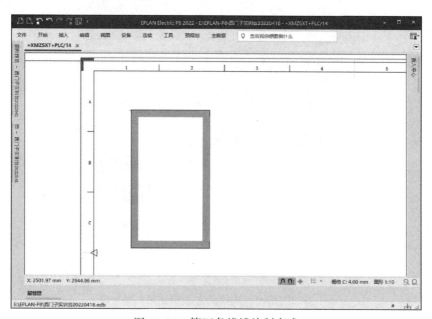

图 12-20　第四条线槽绘制完成

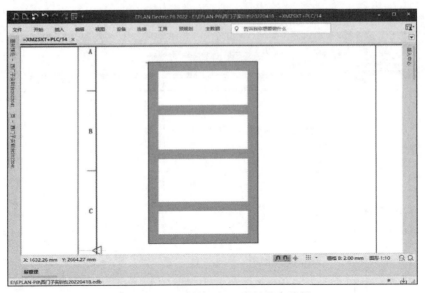

图 12-21　用同样的方法绘制其余线槽

导轨的绘制方法与线槽一样，只是导轨的"高度"是"35.00mm"，"颜色"换成了"号码：2　颜色：255，255，0"，同样勾选"填充表面"，单击"确定"，如图 12-22 所示。这样第一条导轨就绘制好了。用复制粘贴的方法绘制另外两条导轨，如图 12-23 所示。

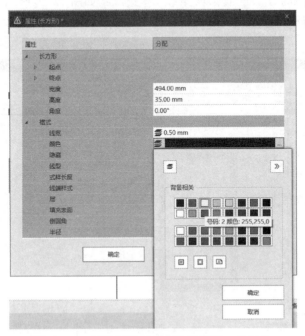

图 12-22　用绘制线槽的方法绘制第一条导轨

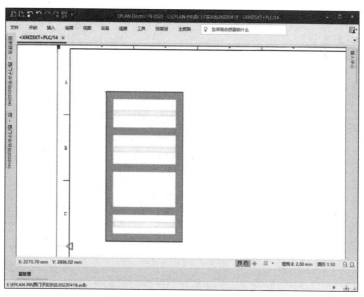

图 12-23　绘制另外两条导轨

步骤 4：电气部件的导入。

软件中自带的部件只有很少一部分，使用时应根据项目需要插入部件数据（EDZ 格式的部件数据可以到各电气部件的官网下载），这是绘制安装板的前提。本书也提供了一些 EDZ 格式部件数据的下载方式，部件数据下载后按以下步骤一一导入到部件库。

如图 12-24 所示，单击"主数据"→"管理"，弹出"部件管理"对话框（见图 12-25），

单击"附加"，弹出下拉列表（见图 12-26），单击"导入"，弹出"导入数据集"对话框（见图 12-27），在"文件名"一栏单击文件夹图标选择存放的部件数据文件，然后选择"更新已有数据集并添加新建数据集"，单击"确定"，这样就导入了一个部件。其余部件按照上述方法依次导入部件库。部件全部导入完成后，关闭"部件管理"对话框，弹出提示对话框，如图 12-28 所示，单击"是"，同步部件数据库。

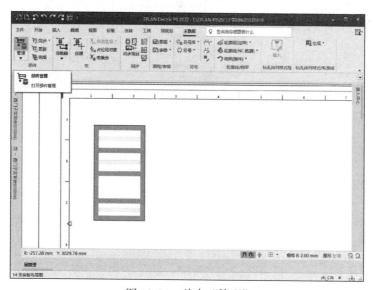

图 12-24　单击"管理"

图 12-25 "部件管理"对话框

图 12-26 "附加"的下拉列表

图 12-27　在"导入数据集"对话框中设置
各项内容

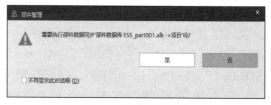

图 12-28　提示对话框

步骤 5：电气部件的放置。

在搜索框输入"部件"后弹出下拉列表，如图 12-29 所示，单击"部件主数据"，窗口中增加了"部件主数据"导航器，如图 12-30 所示。

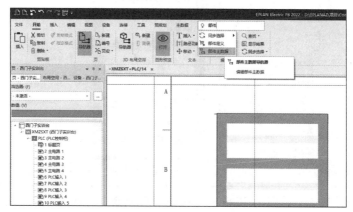

图 12-29　在搜索框输入"部件"

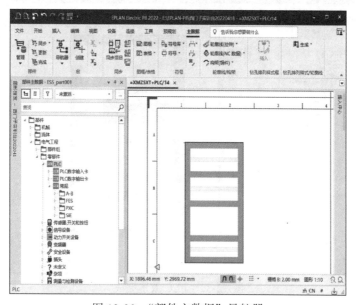

图 12-30　"部件主数据"导航器

1）放置 PLC。在"部件主数据"导航器的"部件"→"电气工程"→"零部件"→"PLC"→"常规"→"SIE"中找到"SIE.6ES7215-1AG40-0XB0"，将它拖放到电气安装板布局图的导轨上，如图 12-31 所示，这样 PLC-1215C 就添加到安装板上了。然后在当前的"SIE"中找到"SIE.6ES7221-1BH32-0XB0"和"SIE.6ES7222-1BH32-0XB0"，并将它们拖放到电气安装板布局图的导轨上，如图 12-32 所示。PLC 就放置完成了。

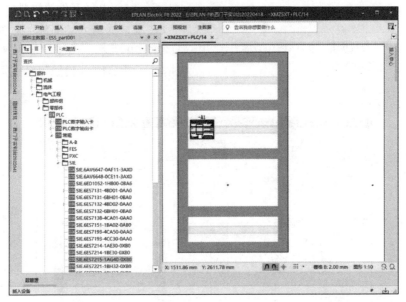

图 12-31　找到"SIE.6ES7215-1AG40-0XB0"并拖放至导轨上

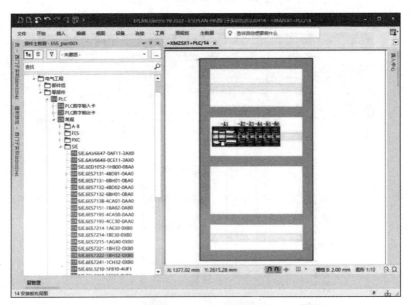

图 12-32　PLC 放置完成

2）放置伺服和变频器。在当前的"SIE"中找到"SIE.6SL3210-5FE10-8UF0"，将它拖放到电气安装板布局图的导轨上。在"部件"→"电气工程"→"零部件"→"变频器"→"常规"→"SIE"中找到"SIE.6SL3210-1KE21-3UF1",将它拖放到电气安装板布局图的导轨上，如图 12-33 所示。伺服和变频器就放置完成了。

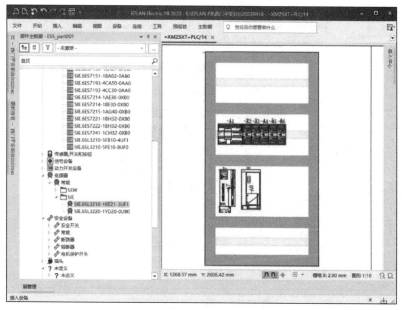

图 12-33 伺服和变频器放置完成

3）放置开关电源。在"部件"→"电气工程"→"零部件"→"电压源和发电机"→"电压源"→"SIE"中找到"SIE.6EP1336-3BA00"，将它拖放到电气安装板布局图的导轨上，如图 12-34 所示。开关电源就放置完成了。

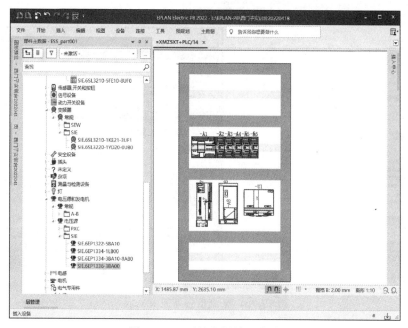

图 12-34 开关电源放置完成

4）放置断路器。在"部件主数据"导航器的"部件"→"电气工程"→"零部件"→"安全设备"→"断路器"→"SIE"中找到"SIE.5SY6202-7CC"，将它拖放到电气安装板布局图的导轨上，如图 12-35 所示。断路器就放置完成了。

图 12-35　断路器放置完成

5）放置交流接触器。在"部件主数据"导航器的"部件"→"电气工程"→"零部件"→"继电器，接触器"→"接触器"→"SIE"中找到"SIE.3RT2046-1AP00"，将它拖放到电气安装板布局图的导轨上，如图 12-36 所示。交流接触器就放置完成了。

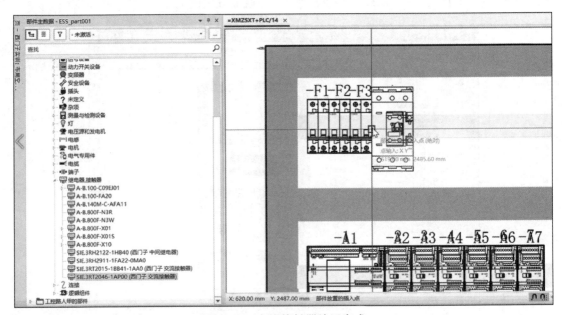

图 12-36　交流接触器放置完成

6）放置中间继电器。在"部件主数据"导航器的"部件"→"电气工程"→"零部件"→"继电器，接触器"→"常规"→"SIE"中找到"SIE.3RH2122-1HB40"，将它拖放到电气安装板布局图的导轨上，如图12-37所示。中间继电器就放置完成了。

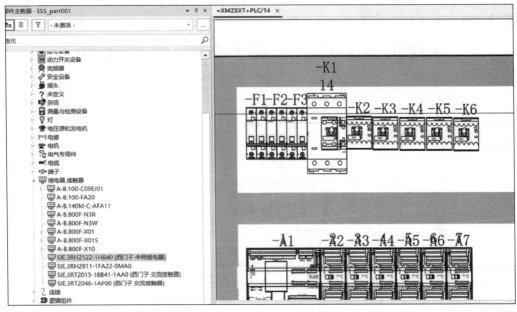

图 12-37　中间继电器放置完成

7）放置端子排。在"部件主数据"导航器的"部件"→"电气工程"→"零部件"→"端子"→"端子"→"PXC"中找到"PXC.3211813（直通式接线端子）"，将它拖放到电气安装板布局图的导轨上，如图12-38所示。端子就放置完成了。

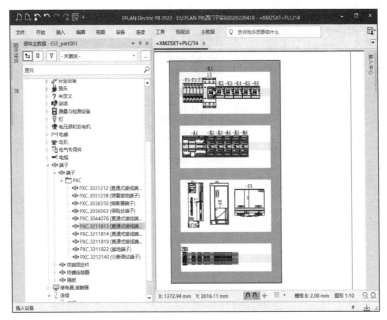

图 12-38　端子排放置完成

步骤 6：安装尺寸的标注。

为了方便安装电气元件，最大限度地还原设计者的要求，安装板需要标注线槽和导轨的安装尺寸、电气元件的安装位置等。

选择"插入"→"尺寸标注"→"线性尺寸标注"→"对齐尺寸标注"，如图 12-39 所示，单击需要标注宽度尺寸的两个点并向外拉出，然后再次单击，宽度尺寸就标注出来了。用同样的方法再标注高度，如图 12-40 所示。

图 12-39　选择"对齐尺寸标注"

图 12-40　标注宽度和高度

选择"插入"→"尺寸标注"→"线性尺寸标注"→"基线尺寸标注"，如图 12-41 所示，单击需要标注宽度尺寸的两个点并向外拉出，在设定位置单击，然后再次单击需要标注尺寸的点，最后按 <ESC> 键，尺寸就标注出来了，如图 12-42 所示。

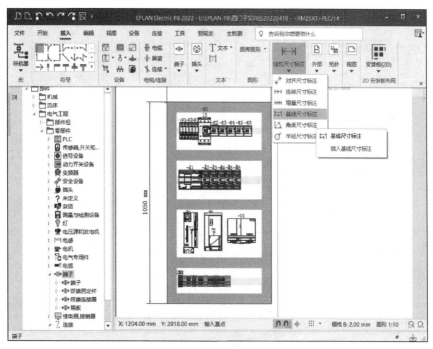

图 12-41　选择"基线尺寸标注"

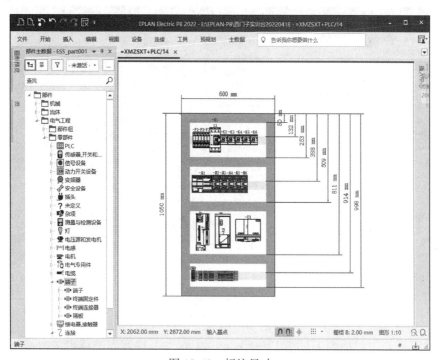

图 12-42　标注尺寸

步骤 7：嵌入部件列表。

如图 12-43 所示，选择"工具"→"生成"，弹出"报表"对话框（见图 12-44），展开目录树"西门子实训台 20220418"，先单击"嵌入式报表"，再单击上方的"新建"图标（带"+"图形的图标）。

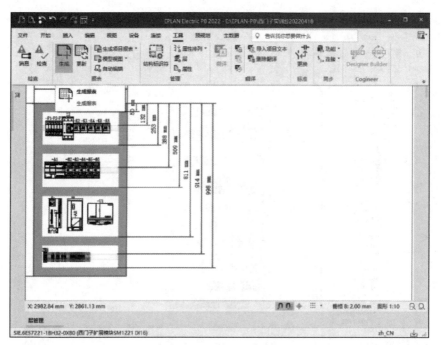

图 12-43 选择"生成"

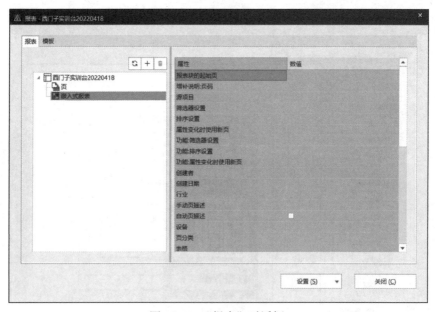

图 12-44 "报表"对话框

弹出"确定报表"对话框（见图 12-45），在"输出形式"的下拉列表中选择"手动放置"，在"选择报表类型"中选"部件列表"，勾选"当前页"，单击"确定"，弹出"设置"对话框（见图 12-46），在"表格（与设置存在偏差）"下拉列表中单击"浏览"，弹出"选择表格"对话框（见图 12-47），选择"F01_005.f01"文件，单击"打开"，再单击"确定"，在合适位置单击放置部件列表，如图 12-48 所示。至此，部件列表嵌入完成。

图 12-45　"确定报表"对话框

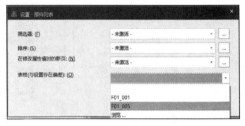

图 12-46　"设置"对话框

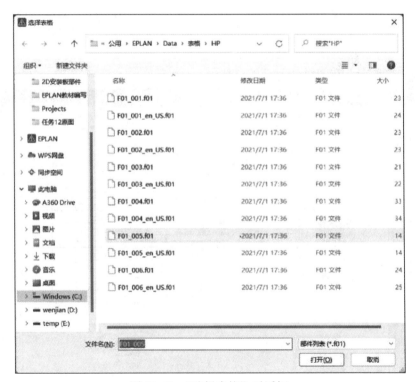

图 12-47　"选择表格"对话框

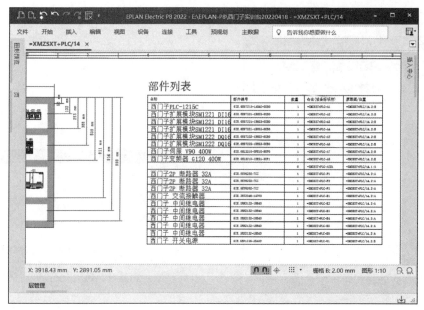

图 12-48　部件列表嵌入完成

如果部件列表中的部件缺少名称，单击"主数据"→"管理"（见图 12-49），弹出"部件管理"对话框（见图 12-50），展开左侧导航器找到相应部件，单击需要修改的型号，单击右边的"属性"选项卡，在"属性"下的"部件：名称 1"一栏中填入部件的名称，单击"应用"，然后关闭"部件管理"对话框，弹出提示对话框（见图 12-51），单击"是"同步部件数据库。

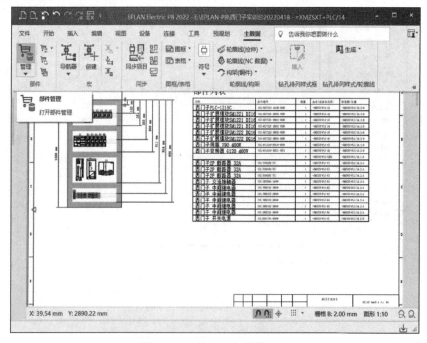

图 12-49　单击"部件管理"

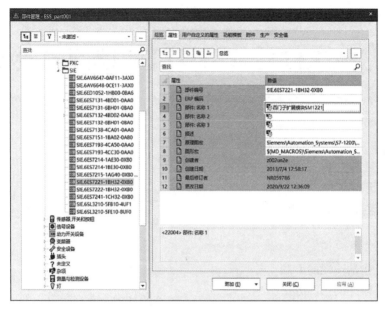

图 12-50　"部件管理"对话框

图 12-51　提示对话框

五、任务总结

绘制 2D 安装板的前提是先导入 EDZ 格式的部件数据。不同项目需求的部件各不相同，软件中自带的部件只有很少一部分，需要到各电气部件的官网下载 EDZ 格式的部件数据，下载后导入到部件库。只需要导入一次，以后每次用到可以到部件库中查找，非常方便。

六、每课寄语

锤炼技术，锻造品格，技能成就梦想。

七、拓展练习

请同学们为任务 11 的拓展练习添加一个安装板布局图，要求添加线槽、导轨、西门子PLC、断路器、交流接触器、开关电源、端子排等。

任务 13　多工作站项目图纸的读图与绘制

一、任务目标

1. 知识目标

1）掌握多工作站读图的方法。

2）掌握多工作站的绘图方法。

2. 技能目标

1）学会阅读多工作站的图纸。

2）学会绘制多工作站项目。

二、任务布置

先阅读以下图纸（见图 13-1），在理解图纸的基础上重新设计一份多工作站图纸，要求在原图的基础上把 PLC 换成西门子 1215C。

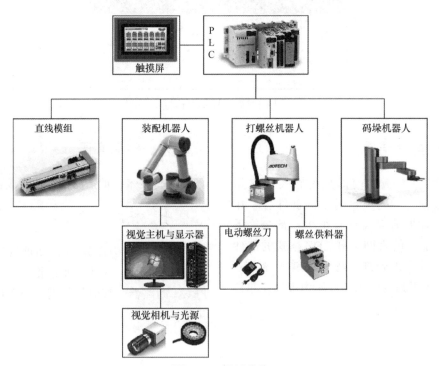

图 13-1　图纸总览

三、任务分析

1. 多工作站读图

任何复杂的电路都是由基本的简单电路构成的，但是读懂图纸、理解设计者的思路也需要一些方法。

（1）看图纸标题页和有关说明　首先要仔细阅读图纸的标题页和有关说明，结合已有的知识，对该电气图的类型、性质、作用有一个明确的认识，从整体上理解图纸的概况和所要表述的重点。

（2）看总览图和框图　总览图和框图只是概略表示系统或分系统的基本组成、相互关系及主要特征，通过它们只能对系统与分系统有一个概括的了解，还要详细看电路图，才能搞清它们的工作原理。

（3）先看主回路，再看控制回路　看电路图首先要看有哪些图形符号和文字符号，了解电路各组成部分的作用，分清主电路和辅助电路、交流回路和直流回路。

（4）分单元、分区域看图　大设备的电路图一般按功能分区，如装配段、检测段、焊接段、测量段、分拣段等。把设备分成各个功能单元来阅读图纸可能更容易读懂。

（5）分析线号的含义　电路图中线号就是导线的名字。线号命名时通常分为几个部分，如工位区域+PLC站号+信号类型+点位号，例如焊接段的2号PLC从站输入点7的线号标识为HJ2DI07。快速从线号切入看复杂的电路图也是一个好方法。

2.多工作站绘图

一个设备的图纸设计、硬件选型、程序设计是一个相互关联的整体，全局考虑整体规划是必不可少的。

（1）功能单元划分　例如设备分为几个功能单元，这几个功能单元是需要互相配合工作还是各自独立工作，在工艺流程上有没有先后次序，哪些需要常规电路控制，哪些需要PLC控制，先要有一个整体规划。

（2）主电路与控制电路　例如主电路有哪些电动机、风机、加热管，控制电路中继电器电路有哪些逻辑关系要实现，PLC电路有哪些输入信号和输出信号。

（3）安全防护要重视　例如设备有哪些安全隐患，需要增加哪些防护的措施，是机械防护还是电气防护，如安全护栏、安全光栅、安

全继电器、断相与相序保护、过电流/过电压保护、欠电压保护、接地保护等。

（4）图纸设计要标注完整　例如标注电气元件型号、电线的颜色和线径、规范的线号、设备的关联参考等。

四、任务实施

步骤1：图纸总览（见图13-1）。

从图纸总览来看，触摸屏和PLC控制了4个单元，分别是直线模组、装配机器人、打螺丝机器人、码垛机器人。打螺丝机器人配置了电动螺丝刀和螺丝供料器。装配机器人配置有视觉主机与显示器、视觉相机与光源。

步骤2：主电路（见图13-2和图13-3）。

主电路分以下几个部分：电源开关的起保停电路、装配机器人总电源、打螺丝机器人总电源、码垛机器人总电源、视觉控制器显示器相机光源的总电源、电动螺丝刀和螺丝供料器的总电源、PLC触摸屏开关电源的主电路、直线模组伺服电动机的主电路。

主电路动作原理相对很简单，可以很快把握整个电路是做什么的，有哪些用电设备。看完主电路后也会对系统与分系统有进一步的了解。

由主电路可以看出，与装配机器人关联的内容有"+ZP/1.2：D"和"+ZP/2.2：A"，与打螺丝机器人关联的内容有"+DLS/1.2：D"和"+DLS/2.2：A"，与码垛机器人关联的内容有"+MD/1.2：D"和"+MD/2.2：A"，与PLC关联的内容有"3.1：D""+4.1：D""5.1：A"和"6.1：A"。

步骤3：PLC电路（见图13-4～图13-7）。

由图13-4可以看出直线模组的原点和正、负极限开关接了PLC的输入端。

由图13-5可以看出装配机器人装配完成信号、打螺丝机器人打螺丝完成信号、码垛机器人取料完成信号、码垛机器人码垛满料信号都传给了PLC的输入端。

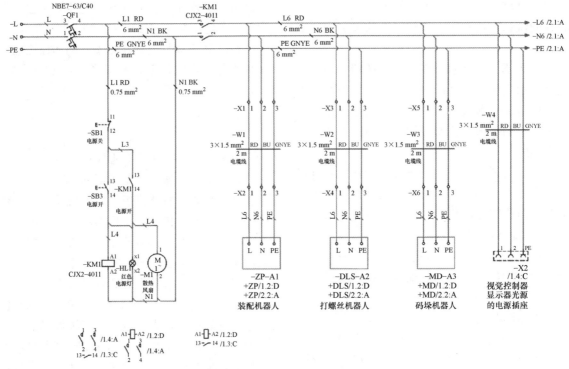

图 13-2　主电路（一）

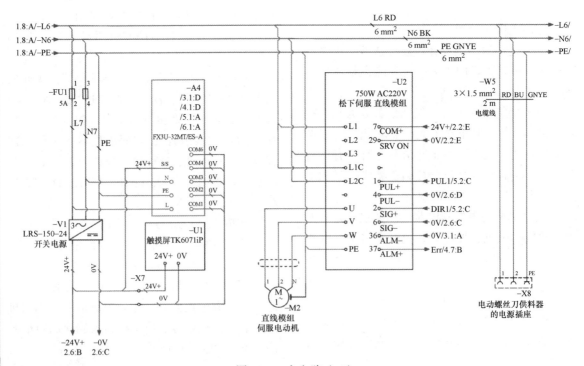

图 13-3　主电路（二）

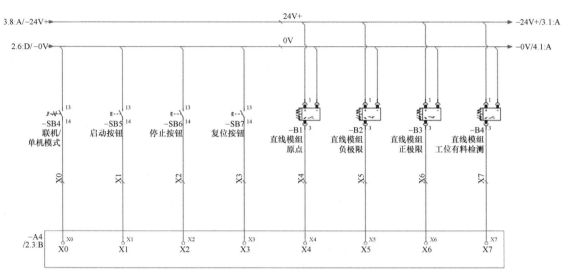

图 13-4　PLC 电路（一）

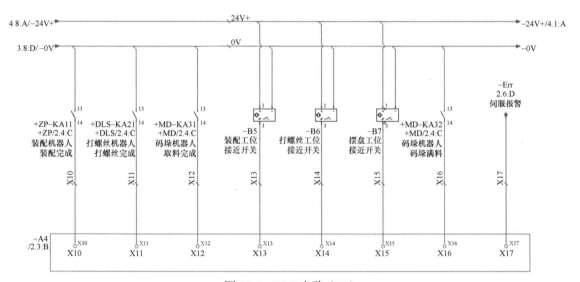

图 13-5　PLC 电路（二）

　　由图 13-6 可以看出直线模组的伺服脉冲是由 PLC 输出的。由图 13-6 的"KA1""KA2""KA3"的关联参考可以看出，PLC 可以控制装配机器人、打螺丝机器人和码垛机器人的启动、复位、停止。"KA4"为备用。

　　由图 13-7 的"KA5""KA6""KA7"的关联参考可以看出，PLC 可以"告诉"装配机器人、打螺丝机器人和码垛机器人工件目前所在的位置。

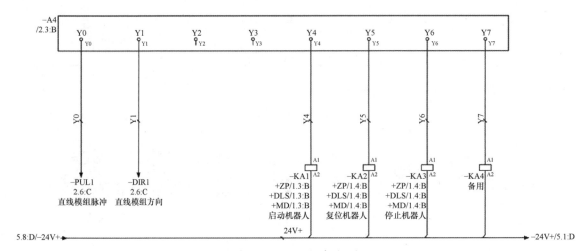

图 13-6 PLC 电路（三）

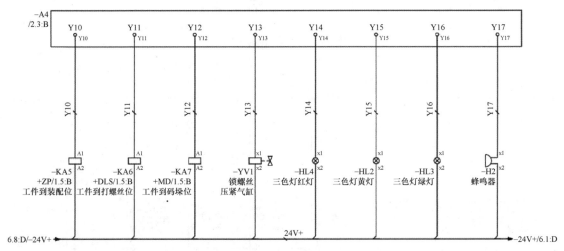

图 13-7 PLC 电路（四）

以上大概可以总结为，PLC 是整个系统的主站，控制着直线模组、装配机器人、打螺丝机器人、码垛机器人的启动、停止、复位和各种信号的交互。

步骤 4：装配机器人电路（见图 13-8 ～图 13-10）。

由图 13-8 的"+PLC-KA1""+PLC-KA2""+PLC-KA3""+PLC-KA5"的关联参考可以看出，装配机器人的启动、复位、停止信号及工件到达的信号都是由上位机 PLC 给出的；图 13-8 的"ZPDI03"就是装配机器人的数字

输入信号 03。

由图 13-9 的"KA11"的关联参考可以看出，装配机器人完成装配工作后把信号传给 PLC。

由图 13-9 的线号"ZPDO02"可以看出线号编码方式是装配首字母 + 信号类型 + 点位号。比如"ZPDO02"就是装配机器人的数字输出信号 02。

由图 13-10 的"KA10""KA12"的关联参考可以看出，装配机器人的夹爪和定位缸 / 阀信号是机器人自己控制的。

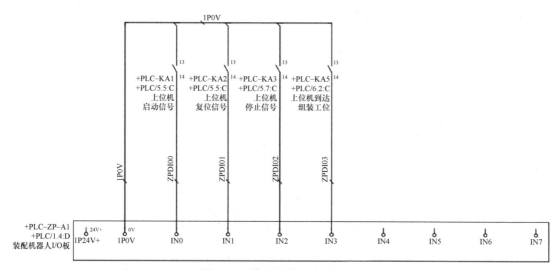

图 13-8 装配机器人电路（一）

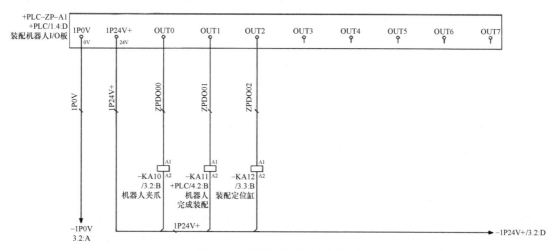

图 13-9 装配机器人电路（二）

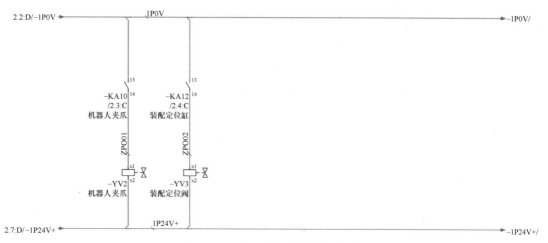

图 13-10 装配机器人电路（三）

步骤 5：打螺丝机器人电路和码垛机器人电路（见图 13-11～图 13-16）。

这两个机器人的原理功能与装配机器人类似，请同学们认真看图，做到举一反三。

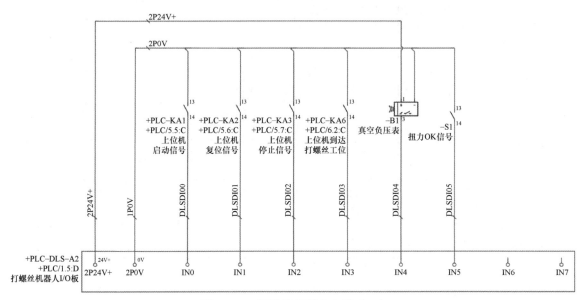

图 13-11　打螺丝机器人电路（一）

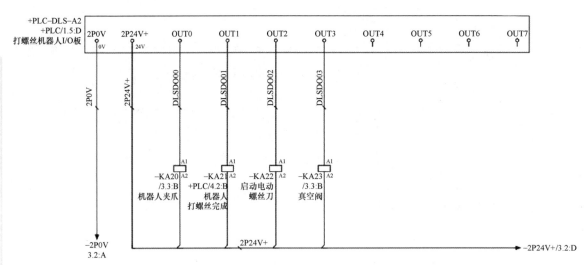

图 13-12　打螺丝机器人电路（二）

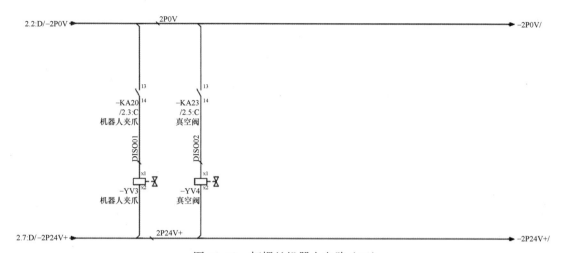

图 13-13　打螺丝机器人电路（三）

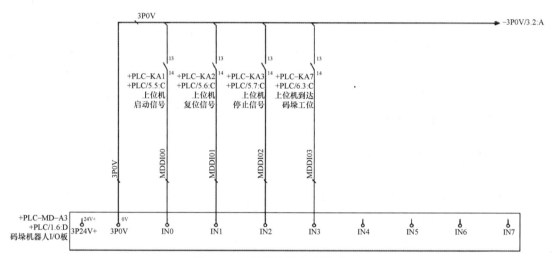

图 13-14　码垛机器人电路（一）

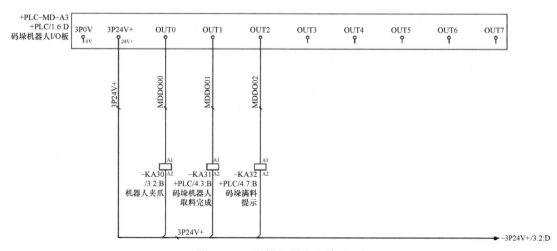

图 13-15　码垛机器人电路（二）

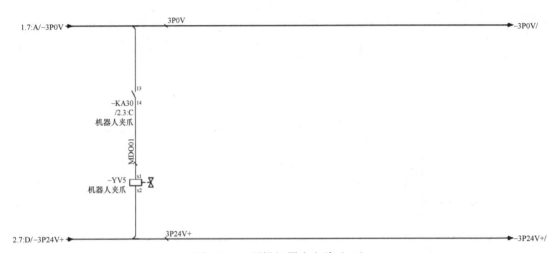

图 13-16　码垛机器人电路（三）

五、任务总结

1. 多工作站读图总结

由以上分析步骤可以看出，设备的动作流程大致如下：载有工件的直线模组运行到装配工位，装配机器人根据视觉相机的引导进行装配作业，然后直线模组运行到打螺丝工位，打螺丝机器人根据工艺要求进行打螺丝作业，然后直线模组运行到码垛工位，码垛机器人根据码垛的工艺要求进行码垛作业，最后直线模组再次回到装配工位开启下一个循环。

2. 电气原理图绘制原则

1）按电气符号标准：按国家标准规定的电气符号绘制。

2）按文字符号标准：按国家标准 GB/T 4728.1—2018 规定的文字符号标明。

3）按顺序排列：按照先后工作顺序纵向排列，或者水平排列。

4）用展开法绘制：电路中的主电路用粗实线画在图纸的左边、上部或下部。

5）表明动作原理与控制关系：必须表达清楚控制与被控制的关系。

6）电气原理图中的主电路和辅助电路分开绘制。

六、每课寄语

壮志凌云"焊武帝"宁显海，他在 2017 年取得了世界技能大赛焊接项目冠军。金牌只是一个小的梦想，"中国焊工，焊接世界"，这才是更大的梦想。

七、拓展练习

在理解图纸的基础上重新设计一份多工作站图纸，要求在原图的基础上把 PLC 换成西门子 1215C，触摸屏和伺服也换成西门子的对应型号，把装配机器人换成 ABB 机器人。

任务 14　图纸设计与电气元件选型讲解

一、任务目标

1. 知识目标

1）掌握常用电气元件的选型方法。

2）掌握导线、断路器、交流接触器、热继电器选型的计算方法。

2. 技能目标

1）学会常用电气元件的选型。

2）学会导线、断路器、交流接触器、热继电器选型的计算。

二、任务布置

阅读设备说明，然后根据图 14-1 所示的设备结构设计电气原理图并制作选型列表。

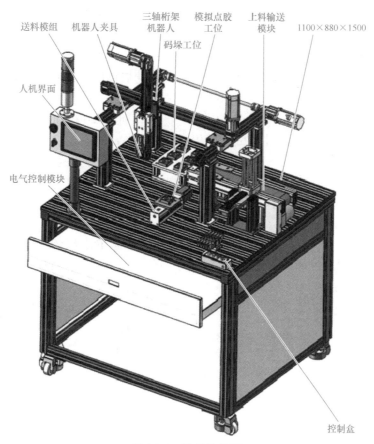

图 14-1　设备结构图

设备参数说明：整机电源为 AC 220V，4 个伺服模组包含 4 个 400W 伺服电动机，原点和极限光电开关共 12 个，1 个气缸夹爪。1 个 200W 输送带电动机，1 个推料气缸，1 个推料检测光纤放大器，1 个物料输送到位光电开关，1 个电源急停按钮，1 个程序急停按钮，启动、停止、复位按钮各 1 个，电源开关是 1 个两位选择开关（带自锁）。

设备动作说明：三轴机器人从输送带上取料然后放到模拟点胶工位点胶，点胶完成后三轴机器人取料放到码垛工位。

三、任务分析

1. 断路器

断路器的极数常见的有 1P、2P、3P、1P+N。断路器的选型原则为

$$I_{QN} \geqslant (1.3 \sim 1.4) I_N$$

式中，I_{QN} 是断路器的额定电流；I_N 是断路器的输入电流。

本机总功率为 2kW，在单相 220V 线路中，每 1kW 功率的电流在 4.5A 左右，故总电流为 9A，则断路器的电流 =9A×1.4=12.6A，比较接近的断路器有 16A 的，本设备断路器选择的是正泰 NXB-63a 系列 D 型（2P，16A）。

2. 交流接触器

首先根据控制电路的要求确定吸引线圈的工作电压。常见的线圈工作电压有 AC 24V、AC 220V 和 AC 380V。

交流接触器选型原则为

$$I_{KN} \geqslant I_N$$

式中，I_{KN} 是接触器主触点的额定电流。

本机总功率为 2kW，在单相 220V 线路中，每 1kW 功率的电流在 4.5A 左右，故总电流为 9A，则交流接触器的电流 ≥9A，比较接近的交流接触器有 12A 的，本设备交流接触器选择的是正泰 CJX2-1210。

3. 热继电器

热继电器选型原则为

$$I_{FN} \geqslant (1.3 \sim 1.4) I_N$$

$$整定电流 \geqslant (1 \sim 1.1) I_N$$

式中，I_{FN} 是快速熔断器的额定电流。

本设备没有热继电器，不需要选型。

4. 开关电源

首先，选择输出电压。常见的输出电压有 DC 12V、DC 24V、DC 36V 和 DC 48V。

其次，选择合适的功率。开关电源在工作时会消耗一部分功率，并以热量的形式释放出来。为了使开关电源的寿命延长，建议选用额定输出功率比所需功率大 30% 的机种。

再次，考虑负载特性。为了提高系统的可靠性，建议负载功率在开关电源功率的 50% ~ 80% 为佳。

最后，如果负载是电动机、灯泡或容性负载，且开机瞬间电流较大，应选用合适的开关电源以免过载。

另外，还要估算一下设备需要的最大电流，然后根据负载最大电流选开关电源，要留有裕量。

本机 24V 电压时的最大电流为 5A，功率应选 120W，但要留 20% 的裕量，故选 150W，本设备选择的开关电源型号是导轨式 EDR-150-24。

5. 导线

导线的颜色：三相交流电的 A、B、C 相线分别用黄色、绿色、红色表示，中性线用淡蓝色表示，PE 线用黄绿双色表示；采用直流电源时，棕色表示正极，蓝色表示负极。

导线的载流量：一般铜导线的安全载流量为 5 ~ 8A/mm^2，但是电缆的截面积越大，每平方毫米能承受的安全电流就越小。

相关的计算：在单相 220V 线路中，每 1kW 功率的电流在 4.5A 左右；在三相 AC 380V 电路中，每 1kW 功率的电流在 2A 左右；在三相 AC 220V 电路中，每 1kW 功率的电流在 3.5A 左右。

本机总功率为 2kW，在单相 220V 线路中，每 1kW 功率的电流在 4.5A 左右，总电流为 9A，导线截面积选择 1.5mm² 为好，本设备导线选择的是 1.5mm² BVR 电线红色和淡蓝色各一卷，0.75mm² BVR 电线蓝色和棕色各一卷，1.5mm² BVR 电线黄绿双色一卷。

6. 光电开关和光纤放大器

根据检测距离和安装位置选择光电开关的类型，常见类型有对射型和漫反射型；根据 PLC 输入需求选择 NPN 型或 PNP 型。表 14-1 所列为光电开关的选型。

本设备光电开关选择的是 E3Z-D82。

本设备光纤放大器选择的是 FS-V31P，光纤选 FU-4F。

表 14-1　光电开关的选型

选型依据	可选规格			
检测方式	对射型	回归反射型	漫反射型	距离设定型
检测距离	10m	4m	1m	20～200mm
输出类型	NPN 型或 PNP 型			

7. 磁性开关

根据气缸结构选择磁性开关的外形，见表 14-2，接线方式一般选择两线式。本设备磁性开关选择的是 DMSG-020。

表 14-2　磁性开关的选型

选型依据	可选规格				
外形	G 型	GS 型	H 型	HS 型	J 型
接线方式	两线		三线		
输出类型	NPN 型或 PNP 型				

8. 接近开关

根据检测距离和安装位置选择接近开关，根据 PLC 输入需求选择 NPN 型或 PNP 型，见表 14-3。

本设备没有接近开关，不需要选型。

9. 按钮

红色为停止按钮，绿色为启动按钮，黄色为复位按钮，急停按钮一般选择蘑菇头带自锁旋转复位的按钮。按钮尺寸根据开孔尺寸选择，见表 14-4。本设备的急停按钮选择的是 XB2-BS542，选择开关是施耐德二档常开 XB2BD21C。

表 14-3　接近开关的选型

选型依据	可选规格				
外形	圆柱形		方形		
检测距离	1 ～ 3mm	5mm	8mm	10mm	15mm
尺寸规格	M8	M12	M18	M30	
输出类型	NPN 型或 PNP 型				

表 14-4　按钮的选型

选型依据	可选规格				
颜色	红色	绿色	黄色	蓝色	白色
外形	平头按钮	带灯平头按钮	蘑菇头带自锁旋转复位的按钮	旋钮开关	带钥匙旋钮开关
开孔尺寸	16mm		22mm		

10. 指示灯

红色为电源指示灯或故障指示灯，绿色为运行指示灯，黄色为复位指示灯或报警指示灯。指示灯有共阳极接线和共阴极接线，蜂鸣器为可选件。指示灯尺寸根据开孔尺寸选择，见表 14-5。

本设备指示灯选择的是 DC 24V 台邦 PT50-3T-D-J，此款指示灯可折叠。

表 14-5　指示灯的选型

选型依据	可选规格				
颜色	红色	绿色	黄色	蓝色	白色
电压	12V	24V	220V	380V	24V
开孔尺寸	16mm		22mm		

11. PLC

PLC 的选择主要应从 PLC 的机型、品牌、I/O 点数、电源模块、特殊功能模块、通信联网能力等方面加以综合考虑。

（1）PLC 机型的选择　PLC 按结构分为整体型和模块型两类。

（2）PLC 品牌　主要应该考虑设备用户的要求、设计者对于不同厂家 PLC 的熟悉程度和设计习惯、配套产品的一致性、技术服务等方面的因素。

（3）输入 / 输出（I/O）点数的估算　PLC 的 I/O 点数是 PLC 的基本参数之一。I/O 点数的确定应以控制设备所需的所有 I/O 点数的总和为依据。

在一般情况下，PLC 的 I/O 点应该有适当的裕量。通常根据统计的 I/O 点数，再增加 10% ～ 20% 的可扩展裕量后，作为 I/O 点数估算数据。

（4）PLC 通信功能的选择　现在 PLC 的通信功能越来越强大，选择时要根据实际需要选择合适的通信方式。

本设备 PLC CPU 选择的是西门子 S7-1215C，DC 24V。

12. 触摸屏

触摸屏的选择主要应从品牌、触摸屏的尺寸、PLC 通信的端口和通信联网能力等方面加以考虑。

本设备触摸屏选择的是西门子 Smart 1000 IE V3。

13. 伺服与步进电动机

伺服电动机和步进电动机的选择主要考虑功率、是否带制动，控制接口有网口和接线两种。同样功率的伺服电动机比步进电动机价格贵，伺服电动机的控制精度比步进电动机要好，步进电动机在超负载时会失步，伺服电动机不会。本设备的伺服电动机选择的是西门子 V90，0.4kW。

14. 变频器

一般选择变频器的功率大于或等于电动机的功率。变频器应能与 PLC 联网通信。

本设备没有变频器，不需要选型。

15. 线槽与导轨

根据导线量选择合适的线槽，见表 14-6。导轨一般选择国标 C45。

表 14-6　线槽的选型

选型依据	可选规格								
线槽长度	2m								
线槽宽度	25mm	30mm	35mm	40mm	45mm	50mm	60mm	80mm	100mm
线槽高度	25mm	30mm	35mm	40mm	45mm	50mm	60mm	80mm	100mm
线槽开口	开口细齿				开口粗齿				

四、任务实施

1）根据以上分析并结合目前自动化应用现状，写出选型列表，见表 14-7。

2）绘制的电路原理图如图 14-2 ～图 14-9 所示。

表 14-7　选型列表

序号	名称	型号	数量	单位
1	断路器	正泰 NXB-63a 系列 D 型，2P，16A	1	个
2	交流接触器	正泰 CJX2-1210，线圈 220V	1	个

（续）

序号	名称	型号	数量	单位
3	光纤放大器 + 光纤	基恩士 FS-V31P 放大器，FU-4F 光纤	1	套
4	开关电源	明纬 EDR-150-24	1	个
5	光电开关	欧姆龙 E3Z-D82，PNP 型	1	个
6	槽形光电开关	欧姆龙 EE-SX671P，PNP 型	12	个
7	磁性开关	亚德客 DMSG-020	4	个
8	PLC CPU	西门子 S7-1215C，DC 24V	1	个
9	PLC 输入扩展模块	SM1221 DI16，DC 24V		
10	PLC 输出扩展模块	SM1222 DQ8，DC 24V		
11	触摸屏	西门子 Smart 1000 IE V3	1	个
12	急停按钮	正泰 NP2-BS542	2	个
13	指示灯	台邦 PT50-3T-D-J，DC 24V，带蜂鸣器	1	个
14	选择开关	正泰 NP2-BD21，二档常开自锁	1	个
15	黄色按钮	正泰 NP2-BA51，自复位	1	个
16	绿色按钮	正泰 NP2-BA31，自复位	1	个
17	红色按钮	正泰 NP2-BA41，自复位	1	个
18	伺服电动机 + 伺服驱动器	西门子 V90，单相 220V，0.4kW：伺服电动机选用 SIMOTICS S-1FL6，伺服驱动器选用 SINAMICS V90	4	套
19	中间继电器	JZX-22F-2Z，DC 24V，8 脚，配底座	1	个
20	导轨	C45，国标	3	条
21	线槽	40mm × 50mm	5	条
22	BVR 红色导线	1.5mm^2	1	卷
23	BVR 淡蓝色导线	1.5mm^2	1	卷
24	BVR 黄绿双色导线	1.5mm^2	1	卷
25	BVR 棕色导线	0.75mm^2	1	卷
26	BVR 蓝色导线	0.75mm^2	1	卷

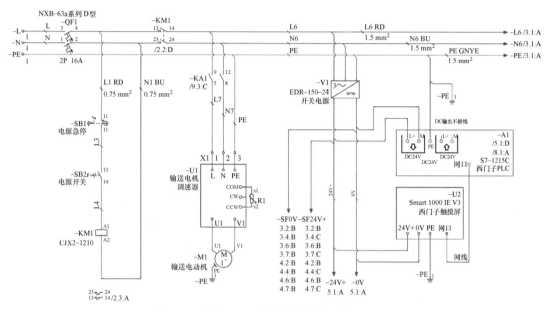

图 14-2 电路原理图（一）

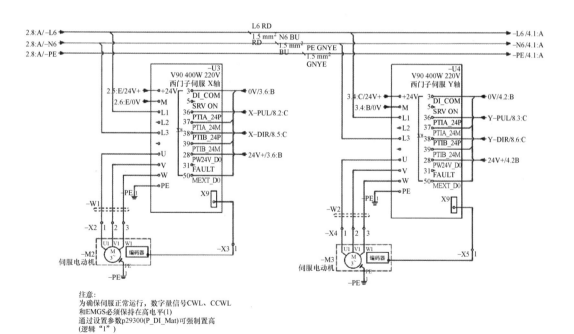

注意：
为确保伺服正常运行，数字量信号CWL、CCWL
和EMGS必须保持在高电平(1)
通过设置参数p29300(P_DI_Mat)可强制置高
(逻辑"1")

图 14-3 电路原理图（二）

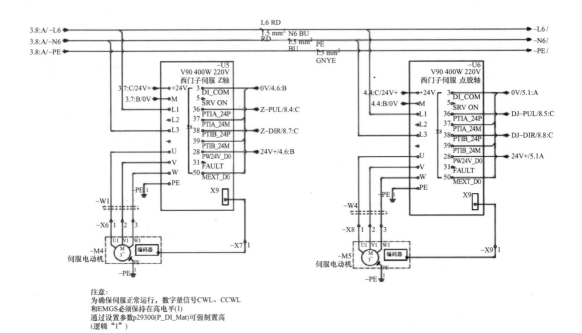

注意:
为确保伺服正常运行,数字量信号CWL、CCWL
和EMGS必须保持在高电平(1)
通过设置参数p29300(P_DI_Mat)可强制置高
(逻辑"1")

图 14-4　电路原理图（三）

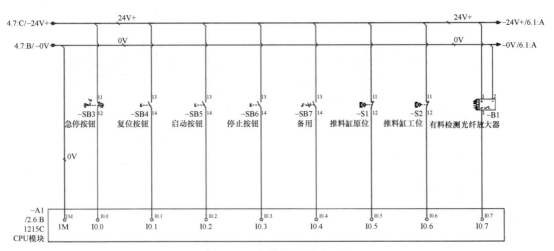

图 14-5　电路原理图（四）

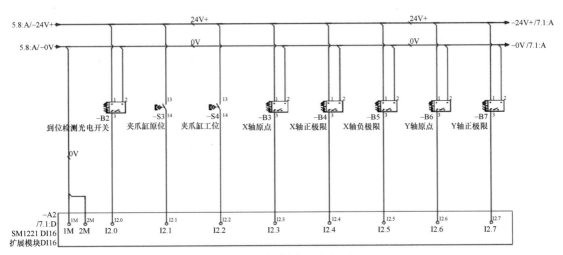

图 14-6　电路原理图（五）

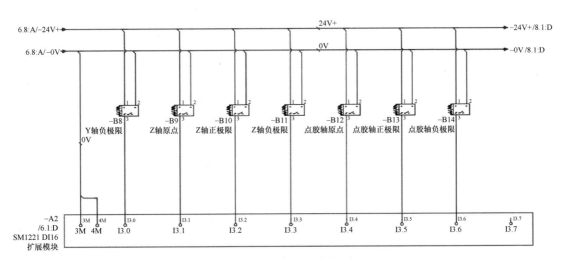

图 14-7　电路原理图（六）

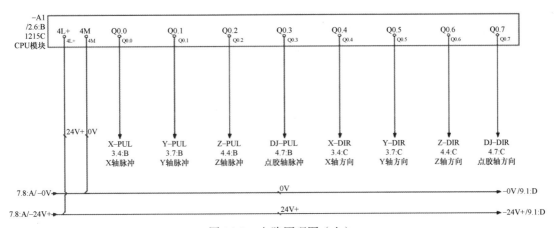

图 14-8　电路原理图（七）

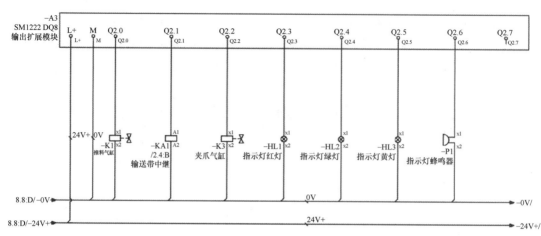

图 14-9　电路原理图（八）

五、任务总结

根据以上分析并结合目前自动化应用现状，总结常用的电气元件及其常见分类和型号，见表 14-8。

表 14-8　电路中常用的电气元件及其常见分类和型号

序号	名称	常见分类和型号
1	断路器	常见极数有 1P、2P、3P、3P+N、1P+N 等，额定电流有 1A、2A、3A、4A、6A、10A、16A、20A、25A、32A、40A、50A、63A 等
2	交流接触器	常见线圈工作电压有 AC 24V、AC 220V、AC 380V 等，常见型号有 CJX2-0910、CJX2-1210、CJX2-1810、CJX2-2510、CJX2-3210、CJX2-4011、CJX2-5011、CJX2-6511
3	光纤放大器	常见类型有对射型和漫反射型，常见型号有 FS-N11P、FS-N21N、FS-V18P、FS-V31P、FS-N18N、FU-4F、FU-48、FU-58、FU-21X
4	开关电源	常见输出电压有 DC 12V、DC 24V、DC 36V、DC 48V 等，常见型号有 EDR-75-24、EDR-150-24、EDR-240-24、EDR-120-24
5	光电开关	常见类型有对射型、漫反射型、回归反射（带反射板）型、距离设定型，常见型号有 E3Z-D62、E3Z-D82
6	磁性开关	常见类型有 G 型、GS 型、H 型、HS 型、J 型、E 型，常见型号有 DMSG-020、DMSH-020、DMSE-020
7	接近开关	常见外形有方形和圆柱形，检测距离有 5mm、10mm、15mm 等，常见型号有 PL-05N、PL-05P
8	按钮	平头、自锁蘑菇头、带钥匙旋钮、带灯平头、旋钮式选择开关
9	指示灯	黄灯、绿灯、红灯、白灯
10	变频器	100W、200W、500W、750W、1.5kW、2kW、3kW、5kW、7.5kW
11	PLC	分为小型、中型、大型、整体式、模块式，常见型号有三菱 FX 系列、Q 系列，西门子 S7-200 Smart、S7-1200 系列、S7-1500 系列等
12	触摸屏	常见尺寸有 4.3in、7in、10in、15in，常见型号有 MT6071iP、MT8071iE
13	伺服电动机	常见功率有 100W、200W、500W、750W、1.5kW、2kW，常见品牌有三菱、松下、台达、汇川

（续）

序号	名称	常见分类和型号
14	导轨	常见的有铁和铝两种材质，C45 国标和 C45 非标
15	线槽	$25 \times 25mm$、$30 \times 30mm$、$30 \times 40mm$、$40 \times 40mm$、$40 \times 50mm$、$50 \times 50mm$、$50 \times 60mm$、$80 \times 80mm$、$100 \times 100mm$
16	安全光幕	分 PNP 型和 NPN 型，常见型号有 LC20–80PK、LC20–80NB
17	端子排	分国标和欧规两种，常见型号有 TBR–10A、UK2.5B。
18	接线端子	分 O 型、Y 型、针型；常见型号有 OT1–4、UT2.5–4、E7508、E1510
19	导线	有黄色、绿色、红色、蓝色、黑色、棕色等多种颜色，线径有 $0.5mm^2$、$0.75mm^2$、$1mm^2$、$1.5mm^2$、$2.5mm^2$、$4mm^2$、$6mm^2$、$10mm^2$ 等
20	中间继电器	常见电压有 DC 24V、AC 220V 等，分 8 脚、14 脚，常见型号有 JZX–22F–2Z、JZX–22F–4Z
21	气管	气管直径分 $\phi 4mm$、$\phi 6mm$、$\phi 8mm$、$\phi 10mm$、$\phi 12mm$
22	气动三联件	BC2000、BC3000、BC4000
23	指示灯	共阴极接线和共阳极接线，带蜂鸣器和不带蜂鸣器；PT50–3T–D–J（可折叠，DC 24V）

六、每课寄语

狭路相逢勇者胜，挑战岂止在赛场。袁强，中考后进入技师学院学习，经过 5 年的摔打磨炼，2017 年取得世界技能大赛工业控制项目冠军。拒绝平庸，争做龙头。

七、拓展练习

请同学们为任务 11 的拓展练习做一个电气选型的电气 BOM（物料清单），设定带动往返小车的是一台功率为 2kW 的三相异步电动机，还应有西门子 PLC –1215C、西门子触摸屏、台达变频器、断路器、交流接触器、热继电器、按钮（包括急停按钮）、行程开关、指示灯、电缆线、线槽、导轨等。

任务 15　图纸设计与电气元件选型练习

一、任务目标

1. 知识目标
1）掌握电气元件的选型方法。
2）掌握依据设备结构设计电气原理图的方法。

2. 技能目标
1）学会电气元件选型。

2）学会依据设备结构设计电气原理图。

二、任务布置

请阅读设备说明，然后根据图 15-1 所示的西门子自动化系统集成实训设备的结构设计电气原理图并写出电气元件选型列表。

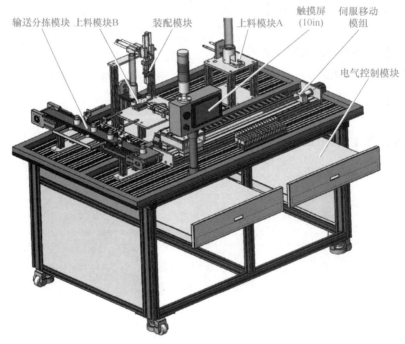

图 15-1　西门子自动化系统集成实训设备

设备参数说明：整机电源为 AC 220V。伺服移动模组包含有 1 个 1000W 的伺服电动机和 3 个气缸，气缸分别是 1 个前后气缸、1 个夹爪气缸和 1 个旋转气缸。上料模块 A 包含 1

个推料气缸、1 个挡料气缸、1 个有料检测光纤和 1 个推料到位检测光电开关。上料模块 B 包含 1 个放料气缸、1 个挡料气缸和 1 个有料检测光纤。装配模块的 4 个气缸分别是 1 个上下气缸、1 个前后气缸、1 个夹爪气缸和 1 个旋转气缸，每个气缸上各有两个磁性开关。另外，还有指示灯、触摸屏、PLC、急停按钮、电源开关。

设备动作流程说明：上料模块推出 A 物料→伺服移动模组去取 A 物料→到装配位置放下 A 物料→上料模块 B 推出 B 物料→装配模块组装 A 物料与 B 物料。

三、任务分析

一个设备的图纸设计、硬件选型、程序设计是一个相互关联的整体，全局考虑整体规划是必不可少的。

功能单元划分：这个设备分为上料模块 A、上料模块 B、伺服移动模组、装配单元 4 个功能单元，这几个功能单元是需要相互配合的，工艺流程上有先后顺序。电源开关需要常规电路控制，伺服模组、电磁阀、指示灯、工艺流程由 PLC 控制。

主电路与控制电路：主电路有一套伺服电动机和伺服驱动器。控制电路中 PLC 输入信号有气缸的磁性开关、有料检测、伺服模组的极限和原点信号、急停按钮，PLC 输出信号有电磁阀、指示灯、给伺服驱动器的脉冲信号。

安全防护：此设备需要接地保护等。

四、任务实施

1）请根据任务要求并结合目前自动化应用现状填写表 15-1。

表 15-1　选型列表

序号	名称	型号	数量	单位
1	断路器			
2	交流接触器			
3	PLC			
4	触摸屏			
5	开关电源			
6	光纤放大器 + 光纤			
7	磁性开关			
8	选择开关			
9	急停按钮			
10	指示灯			
11	电磁阀			
12	气管			
13	接线端子			
14	端子排			
15	中间继电器			
16	伺服电动机 + 伺服驱动器			
17	导轨			

（续）

序号	名称	型号	数量	单位
18	线槽			
19	BVR 红色导线			
20	BVR 黑色导线			
21	BVR 黄绿双色导线			
22	BVR 棕色导线			
23	BVR 蓝色导线			

2）请根据任务要求绘制电气原理图。

五、任务总结

写下本次任务的总结。

六、每课寄语

将来的你，一定会感谢现在努力学习的你。

七、拓展练习

阅读设备说明，然后根据图 15-2 所示的设备结构设计电气原理图并列出电气元件选型列表。

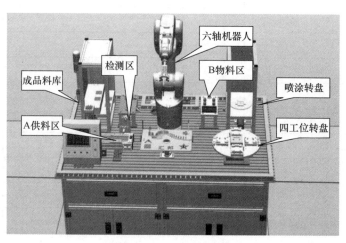

图 15-2 设备结构图

设备参数说明：整机电源为 AC 220V。六轴机器人安装有 1 个气缸夹爪。A 供料区包含有 1 个 100W 的调速电动机、1 个推料气缸、1 个挡料气缸、1 个有料检测光纤和 1 个推料到位检测光电开关。四工位转盘包含 1 个 200W 的伺服电动机和 1 个原点到位接近开关。喷涂转盘包含 1 个 100W 的调速电动机和 1 个原点到位接近开关。检测区有 1 个对射光电开关。

另外，还有指示灯、触摸屏、PLC、急停按钮、电源开关、启动按钮、停止按钮、复位按钮。每个气缸上各有两个磁性开关。

设备动作流程说明：A 供料区推出 A 物料→输送带运送到末端→六轴机器人去取 A 物料→六轴机器人到四工位转盘放下 A 物料→六轴机器人去 B 物料区取料→六轴机器人去四工位转盘装配模块组装 A 物料与 B 物料→六

轴机器人去喷涂转盘喷漆→六轴机器人取走物料到检测区检测→六轴机器人把物料放到成品料库。

1）请根据任务要求并结合目前自动化应用现状填写表 15-2。

表 15-2　选型列表

序号	名称	型号	数量	单位
1	断路器			
2	交流接触器			
3	PLC			
4	触摸屏			
5	开关电源			
6	光纤放大器 + 光纤			
7	磁性开关			
8	选择开关			
9	急停按钮			
10	指示灯			
11	电磁阀			
12	气管			
13	接线端子			
14	端子排			
15	中间继电器			
16	伺服电动机 + 伺服驱动器			
17	导轨			
18	线槽			
19	BVR 红色导线			
20	BVR 黑色导线			
21	BVR 黄绿双色导线			
22	BVR 棕色导线			
23	BVR 蓝色导线			

2）请根据任务要求绘制电气原理图。

参 考 文 献

［1］张彤，张文涛，张瓒.EPLAN 电气设计实例入门［M］.北京：北京航空航天大学出版社，2014.

［2］云智造技术联盟.EPLAN 电气设计从入门到精通［M］.北京：化学工业出版社，2020.

［3］闫聪聪，段荣霞，李瑞，等.EPLAN 电气设计基础与应用［M］.北京：机械工业出版社，2020.

［4］吕志刚，王鹏，徐少亮，等.EPLAN 实战设计［M］.北京：机械工业出版社，2017.

［5］覃政，吴爱国，张俊.EPLAN Electric P8 官方教程［M］.北京：机械工业出版社，2019.